/ 建 筑 师 成 长 之 路 /

手绘建筑

Architecture And Hand Drawings

年斌 于丁 编著

中国电力出版社

CHINA ELECTRIC POWER PRESS

内 容 提 要

本书以文字叙述与图示化语言相结合的方式，阐述建筑与手绘的关系。通过对训练方法和练习技巧的介绍，探寻建筑设计和手绘共同培养的方式，养成手绘习惯，培养读者在设计学习工作中手、眼、脑共同发展的能力。书中第一章阐述手绘及建筑的关系及意义，第二～四章讲述手绘技巧，第五章讲述手绘及建筑设计思维共同培养的方法。本书旨在从手绘训练和设计培养相结合的角度给读者一定的启发，让大家爱上手绘、习惯手绘。本书适合建筑类学生、建筑设计师及手绘爱好者阅读。

图书在版编目（CIP）数据

手绘建筑 / 年斌，于丁编著. --北京：中国电力出版社，2016.8
ISBN 978-7-5123-9430-8

I. ①手⋯ II. ①年⋯ ②于⋯ III. ①建筑画－绘画技法 IV. ①TU204

中国版本图书馆CIP数据核字（2016）第127468号

中国电力出版社出版发行

北京市东城区北京站西街19号　100005　http://www.cepp.sgcc.com.cn
责任编辑：胡堂亮　梁　瑶　　联系电话：010-63412605
责任印制：蔺义舟　　　　　责任校对：常燕昆
北京瑞禾彩色印刷有限公司印刷·各地新华书店经售
2016年8月第1版·第1次印刷
787mm×1092mm 1/16·9.5印张·147千字
定价：59.80元

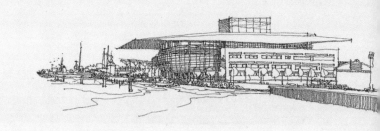

前 言 FOREWORD

　　当今，是一个建筑设计不断被精品化的时代，追求独特、个性化设计语言成为设计师的诉求，创造性设计思维对设计师的成长越来越重要。而在设计思维培养、形成和表达过程中，手绘对设计思维的影响往往被忽视。笔者从多年的教学及实践中发现，设计思维的形成和手绘有紧密联系，手绘是培养和表达设计思维的最直接、有效的方式，笔者意在通过本书传达如何通过手绘，培养设计思维。

　　手绘既能记录建筑与场景，也能表达和输出设计思维。相比于相机、摄像机等数码产品，手绘不仅能够快捷、高效记录现实，而且能对事物作高度的选择，有效记录思想、内在结构与组织关系。在学习和工作中手绘亦能够快速捕捉情绪与思维，搭建绘制者本人及委托方的沟通渠道。

　　然而就当下设计群体而言，无论是工作多年的设计师，还是在校就读的学子，用 CAD、Sketchup 等软件来完成设计，似乎已成为习惯。由于对手绘的忽视，导致此类设计从业者思维培养不足、表现能力欠缺，或是即便有了设计灵感，却因难以通过手绘草图方式快速准确地表达而难以捕捉到创造性的设计灵感，丧失进一步深化设计的可能，也很难把握面试和深造的机会。

　　如何训练手绘，如何培养设计思维，如何建立两者间的关联是本书讨论的重点。为有效搭建手绘与设计间的关联，我们以手绘方式进行切入，在用手绘记录和表达建筑过程中，启发设计灵感，积累和沉淀设计语言，让手绘与设计思维相辅相成，互相促进。我们希望读者习惯用手绘记录的方式来观察和理解建筑，并将此习惯渗入到建筑学习、设计表达、旅行笔记等过程中。因此，如何构建"手绘与设计思维"间的关联，是本书讨论的核心内容。

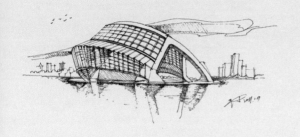

　　本书主要论述了以下几点：一、手绘的意义及用途，以及如何培养手绘习惯；二、透视原理，快速表现技巧及构图原则；三、钢笔画表现技法；四、马克笔表现技法；五、设计表达，分别从手绘记录、认识建筑，以及手绘表达设计思维两个维度论述手绘与建筑设计间的关联。概括而言，第一章从方法论角度，阐述手绘的意义；第二章至第四章阐述绘画基本技法和知识，为记录建筑与表达设计思维提供绘画基础；第五章是本书的重点，通过具体实践搭建手绘与设计思维间的关联。

　　最后，希望透过本书，能够给手绘爱好者、建筑设计工作者和建筑学学习者传达手绘对设计思维的重要影响，同时通过手绘基础知识的讲解与训练，亦能对其未来工作和生活提供便利。此外，书中不妥之处希望各界同仁批评与指正。

　　　　　　　　　　　　　　　　　　　　　　　　　编著者

目 录 CONTENTS

第一章
建筑与手绘

Architecture And Hand Drawings

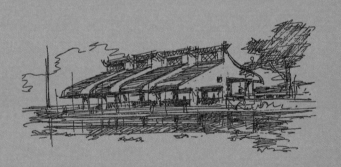

第一节　手绘初识

　　手绘是建筑设计学习及工作中常见的一种表现方式，它能最直观、准确地反映出建筑师的设计过程及心理活动，最快速有效的捕捉设计师闪现的灵感，从而让设计师在设计中发挥自己独特的创造力和想象力，也为方案设计提供了可展示的设计思维及设计依据。

一、让手绘成为一种习惯

　　手绘是锻炼"设计思维"的有效途径。设计思维的锻炼和设计理论培养是循序渐进的过程，手绘练习可以锻炼我们的思维模式，在建筑设计学习阶段，通过手绘写生可以锻炼我们对建筑周边及环境的洞察，加强对建筑空间形态的认识和理解，从而促使我们对建筑产生进一步的认识，最终得到更深层的启示。

　　在建筑设计过程中，手绘帮助我们捕捉设计概念的初始印象、随时出现的枝节思路，这些思路想法通过手绘记录会催生出重要的早期反馈，在设计中不断的去尝试、推敲、打磨、延伸，使整个设计过程得到有效地记录，形成丰富的视觉思路资料，直观反映设计依据，最终为设计作品完成起到思维链接的作用（图 1-1 和图 1-2）。

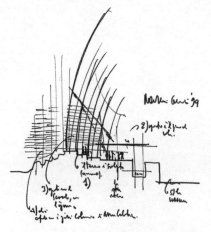

↑ **图 1-1**　芝贝欧文化中心草图（皮亚诺）　↑ **图 1-2**　芝贝欧文化中心（皮亚诺）

然而，在当今这个数字化时代，我们更多的是利用计算机完成建筑设计，往往忽视手绘对设计的重要作用。手绘过程需要头、手、眼相结合，使用电脑又多了一层转换关系，设计思维通过软件设定的实现方式及要求来组合完成，所以很多设计师在设计初期，设计思维不成熟稳定（设计思维初期具有灵活性、多样性、发散性）的时候，很容易由于过分聚焦技术层面而被电脑程序所限制，影响淡化或者忘记设计本意，这种现象是我们不希望遇见的，所以养成手绘习惯非常重要。

手绘学习培养设计习惯。通过城市速写和场景小品的现场速写，记录空间形体为设计储备资料培养视觉思维；通过概念速写、快速表现捕捉和传达设计思想，从而培养良好的设计思维及设计方式。流畅的线条，丰富而准确的色彩表现说明了绘画者或设计者对于当前建筑的准确把握（图1-3和图1-4），这些都是养成手绘习惯后不断练习的结果。手绘可以更好地捕捉你所看见的对象，更准确的表达你的设计思路，也为今后在工作中和合作者、客户交流提供了最快捷有效的方式。然而，手绘技巧和手感是通过不断练习取得的，每个设计师也都有自己的个人风格，在这里我们不强调技巧的绝对性，而是把手绘过程和技法看的更简单，像孩子一样放松的去面对速写、绘制草图。

让我们准备好一个随身携带的小本，看到画到，想到画到，将手绘培养成一种习惯，促进设计思维的养成和提高，最终使设计能更尊重我们的思维本原。

↑ **图1-3** 用速写记录城市，马克笔建筑画

← 图 1-4 带色的速写

二、手绘积累设计素材

　　建筑设计最重要的内容是创作，而创作源自累积，除了对建筑学教学中的理论知识的累积，还有一个最具象最直接的累积方式，就是手绘记录。手绘记录感兴趣的建筑、景观、城市速写，绘制中对建筑形体和空间有了新的认识，最直观地增强了课堂上枯燥的几何学所传达的空间概念（图 1-5）；通过观察对于建筑细部构造做

↑ 图 1-5 手绘建筑群组——手绘是对几何关系和空间布局最好熟悉方式

法、建筑收头如何处理也会有更准确的认识（图1-6）；通过练习形成为今后设计服务的丰富的图像资料（图1-7）；通过手绘练习在设计中反映自己的情感也能更加准确（图1-8）。

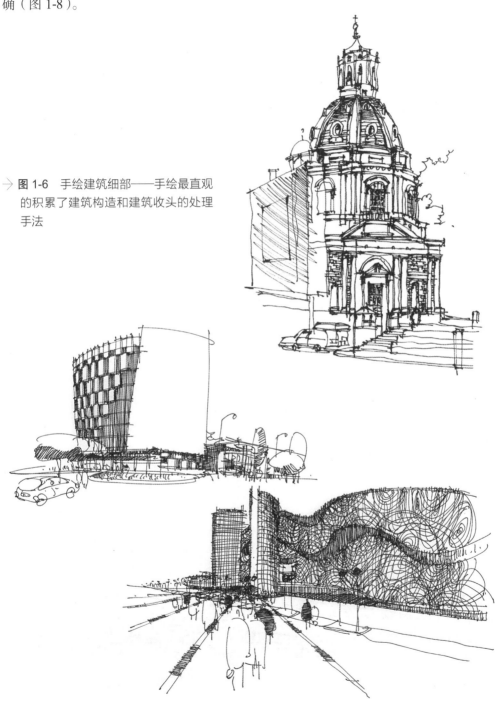

→ 图 1-6 手绘建筑细部——手绘最直观的积累了建筑构造和建筑收头的处理手法

↑ 图 1-7 手绘不同的建筑风格——建筑速写可以为自己存储丰富的图像资源

↑ **图 1-8** 手绘建筑场景——手绘营造建筑及场景的氛围；不同的线条渲染不同的场景气氛

三、手绘培养设计思维

建筑设计中我们对建筑的功能、技术、场地非常重视，对设计意识的启发也涉及文化、形式、美学等诸多方面，如何在各种因素中抓住要点并提炼和快速展现，设计思维的培养尤为重要。

设计思维具有灵活性、多样性和发散性，初学者较难很好地梳理运用，通过手绘可以记录累积信息，养成随手勾画的习惯，更重要的是可以培养良好的设计思维模式。通过手绘学会在设计中捕捉闪过的灵感，学会整理自己的设计思路；在设计过程中手绘还能提供与他人交流的最直接的途径；最终形成直观可见的图示思路信息源，为方案设计的分析、设计思路的明确、准确表达设计的意图创造丰富的资源（图 1-9）。

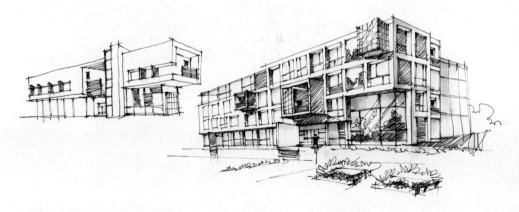

↑ **图 1-9** 清晰可见的设计过程

　　手绘过程是手、眼、脑的有效结合，使设计过程变得清晰可见，设计师的表达也更快更直接，对设计思维的培养尤为重要（图1-10）。思维本身无法被看见、捕捉，手绘是快速记录大脑思维活动的客观反馈，所见及所想的直观表达，并提供了审视了解思维过程及结果的具象图片信息。

　　手绘练习，不但可以提高我们的手感技法，而且可以记录我们的思维过程，使我们的思维逻辑得到锻炼，设计思维更加丰富成熟。让我们动起手来，从这里简单开始。

↑ **图1-10** 手绘与设计思维关系图

第二节　手绘表达建筑

　　建筑设计的表现风格因人而异，每个设计师习惯的表达方式不同，不同的工具、不同的表现语音都能准确直观地体现设计者的想法，如模型、计算机表现图和手绘等，但在诸多的手段中我们发现最直接的方式是手绘。

一、手绘草图

　　从古至今，建筑师设计中一直使用的一种表达语言——"手绘"来快速表达建筑。解构主义代表弗兰克·盖里设计了著名的布拉格市的会跳舞的房子（又称跳舞的女人）（图1-11），草图反映出盖里通过追求跳跃和动感的元素，来打破周边旧城区原本沉闷的建筑群组的设计意图，最终这个建筑成为老城区的一道亮丽风景线，也成为盖里最著名的代表作之一。

↑ **图1-11** "会跳舞的房子"草图（弗兰克·盖里）

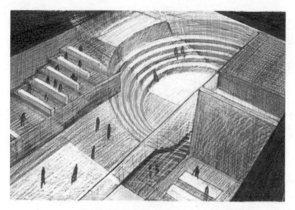

↑ 图 1-12　墨西哥蒙特雷大学草图（**安藤忠雄**）

再如新现代代表安藤忠雄设计的墨西哥蒙特雷大学设计学院大楼，设计中安腾希望设计一个空间作为交换创新想法的场所（图1-12），草图反映出这是一个建筑内部阶梯状下沉的场所，类似古希腊露天剧场的空间形式和功能暗示，很好地诠释出这个部分的多种空间交叉及其场所的空间关系。

理查德迈耶的罗马千禧教堂草图，直观反映出如船帆的三片弧墙与直线几何形体的组合关系，面的穿插形成了丰富有趣的建筑空间和体量，并配以文字符号图示表现玻璃顶与墙体的连接及教堂内的天然采光效果（图1-13）。

手绘草图是设计意图的最佳写照，钢笔画及彩色设计草图直观反映出漳浦西湖公园内各组建筑的主要外形特征（图1-14）。

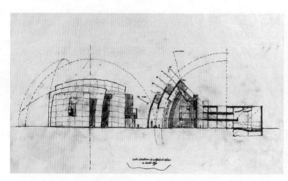 

↑ 图 1-13　罗马千禧教堂（理查德迈耶）

↑ 图 1-14　漳浦西湖公园草图及照片（彭一刚）

设计的记录与表达除了手绘图示有时候也配合必要的注释进行说明（图 1-15 和图 1-16）。国内国外这样的手绘手稿很多，它们用简要的文字注释明确指引设计内容，更好地诠释表达自己的设计意图。这种字体因个人风格略有不同，为了表示清晰同时达到图面交流效果，手绘建筑字也成为我们练习的重要部分。建筑制图的仿宋字是我们练习的基础，一般在 7mm×10mm 个格子中进行练习，练习中应注意笔划、结构、占格的比例关系（图 1-17）。

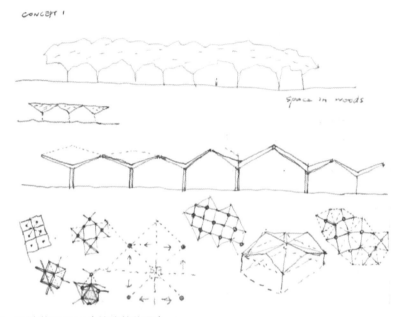

↑ **图 1-15** 设计草图展示（林建筑作品）

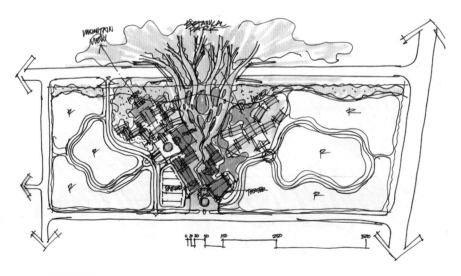

↑ **图 1-16** 设计草图展示

↑ **图 1-17** 建筑字示例

二、手绘方案

手绘方案是建筑课程设计的一种表达方式，是建筑设计教学中的重要环节。设计原则，设计能力及手绘表现能力在手绘方案中都能得到锻炼。在学习建筑设计课程初期一般都通过手绘方式来完成课程的任务书要求，从草图纸画草图——在透图桌透图绘制铅笔稿——画板上裱画——针管笔绘图——水彩渲染，这些步骤看似繁琐，但恰恰是遵循了合理的设计步骤来完成设计方案的方式。过程中对设计理论有了深入的认识，方案设计得到反复推敲，手绘表现也逐步提高，最关键的是它是在设计中手脑结合的最佳表现（图 1-18）。

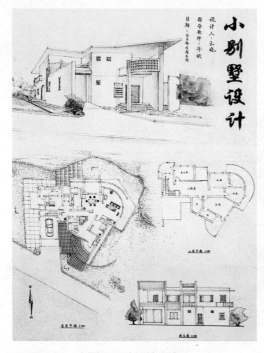
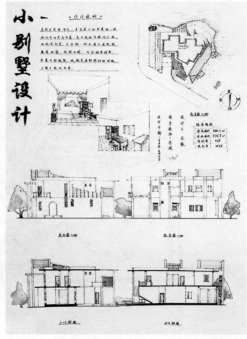

↑ **图 1-18** 小别墅设计手绘方案

三、手绘和计算机

我们不排斥数字时代，我们也认同数字技术对于建筑设计的帮助和推动作用，手绘和数字技术的结合，可以更好地辅助我们的设计，电脑结合手绘的表达方式也是一种非常流行的表达手段。软件配合设计和手绘配合设计并不矛盾，就像在电影制作中，有电脑完成的部分，也有很多分镜脚本还是用手绘完成的，他们相辅相成，相互协调（图 1-19 ~ 图 1-21）。

→ 图 1-19 草图大师建模导出线稿（徐东耀作品）

→ 图 1-20 手绘景观（徐东耀作品）

↑ **图 1-21** 手绘上色（徐东耀作品）

第三节　手绘建筑要素

　　手绘建筑遵循美学法则和一定的设计原则，一副设计图或手绘，能不能与他人产生共鸣，存在着一定的视觉规律。手绘建筑由点、线、面及色彩等要素构成，如何组织这些元素，使表述主体清晰明确且图面协调统一，构成的相关训练尤为重要。

一、简要构成法则

　　建筑设计的基础构成要素包括平面、色彩、立体三大部分，平面构成使我们掌握设计中图底关系、平立面设计组合形式的构成手法；色彩构成让我们在设计中认识色彩组合常识、灵活运用色彩关系表现建筑；立体构成丰富我们对空间、体块组合穿插的直观认识，培养设计思维中的空间几何感。各种要素对手绘建筑和建筑设计都具指导意义，通过认识和练习促进我们快速掌握手绘布局、体块关系、点线面排列、色彩搭配及选择运用的基本原理，培养科学的审美情趣。

　　注重平面的排列组合，符合构成法则，平面构成是视觉元素在二次元平面上按照美的视觉效果，力学的原理，进行编排和组合，研究点线面的组合排列方式。传统的练习手法有：渐变、特异、近似、密集、发射、对称、重复、比例、分割等，强调把握二维视觉规律（图 1-22）；也有理性的有逻辑推理的练习方式，强化平面形体组合及图底关系（图 1-23 和图 1-24）。通过练习对绘画中的平面布局、建筑几何

↑ **图 1-22** 传统的平面构成练习图例

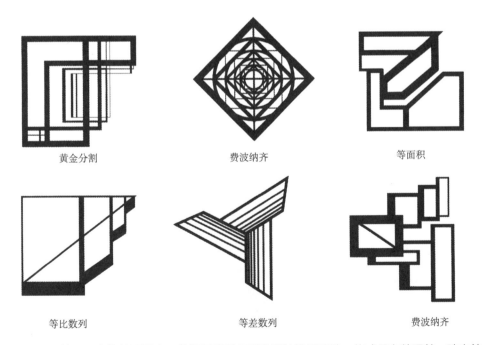

黄金分割　　　　　　　　　　费波纳齐　　　　　　　　　　等面积

等比数列　　　　　　　　　　等差数列　　　　　　　　　　费波纳齐

↑ **图 1-23** 按照一定的数列因素、模数因素进行形分割的造形手法，构成具有数理美、秩序美的图形

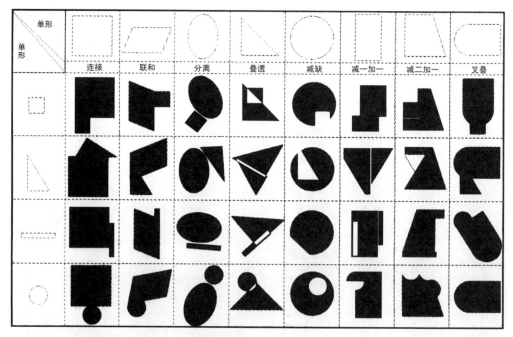

↑ **图 1-24** 几何图形的叠加与穿插，形成合理的图底关系

关系、建筑比例、建筑群组关系、建筑节点细节处理手法等方面有更清晰认识。

色彩是表达建筑的重要元素，体现建筑材料，营造画面氛围，准确表达建筑单体、群组及周边真实状态和关系。建筑画中合理运用色彩需要了解色彩的基本原理知识，认识色彩三要素——色相、明度、纯度。色彩三要素是色彩变化规律的基础，进行的相关的色彩对比练习，对绘画及其他类型色彩应用都有很大帮助（图 1-25）。色彩构

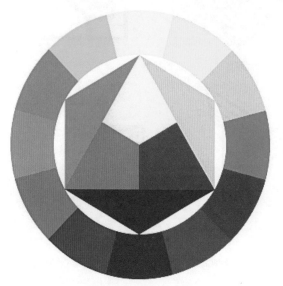

色彩三要素：
色相代表颜色类型
明度代表黑白灰关系
纯度代表色彩鲜艳程度

← **图 1-25** 基本原色图

成训练是通过对不同纯度、明度、色相的色彩进行排列组合的练习（图1-26），使画面色彩协调，对绘画中建筑色彩组合运用、建筑材质、画面氛围等方面有所帮助。

"体块是一种能充分作用于我们的感官，并使我们能够借以感知和度量的因素"，体块和体量的认识对建筑师也很重要，很多优秀作品都体现着立体构成规律（图1-27）。立体构成的基本形态要素点、线、面、体通过移动、旋转、扩大、扭

→ 图 1-26 色彩构成训练

↑ 图 1-27 世博会中国馆，以几何形体的城市天际线与似祥云的竹编外皮所营造的柔和的自然天际线相互交融，传达了自然与城市的和谐发展

曲、切割、展开、折叠、穿透、膨胀、混合等运动形式来组合成丰富的空间构成形态，通过练习能合理构成建筑空间，把握建筑体量，控制建筑语言节奏和秩序，并拓展我们创造和发掘的思维方式（图 1-28 和图 1-29）。

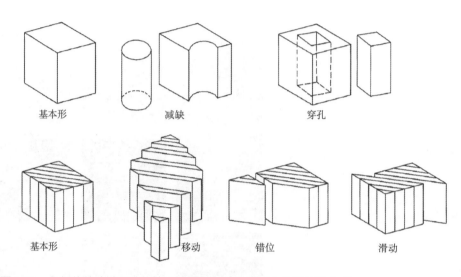

基本形　　　　减缺　　　　　穿孔

基本形　　　　移动　　　　错位　　　　滑动

↑ **图 1-28**　几何体的消减和移位等手法的练习可以锻炼立体的思维方式

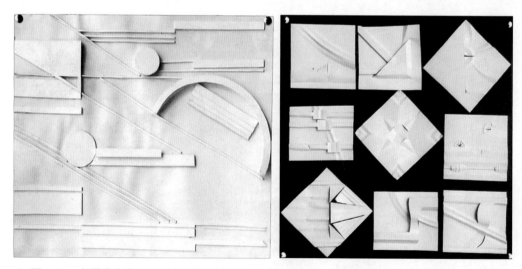

↑ **图 1-29**　左图用白色硬纸板几层粘贴然后切分成元素，在白色背板上摆放制作构成；右图用方块的白板纸，纸面裁剪折叠成立体构成

二、手绘建筑计划

主动动笔，轻松手绘，培养手绘表达的习惯，让手绘能为自我表达和设计工作有效服务。

（1）建筑画临摹——是一个必要的学习过程，尝试多种表现方式，探索自己更多的可能性，今后在设计作品中可进行多种多样的尝试。不要担心影响了自身风格，个人风格是通过慢慢积累摸索出来的，在应用中个人的光彩和特征都会投射出来，画得越多，你"声音"的表达越有可能找到出口（图1-30）。

↑ 图 1-30　临摹不同的风格

（2）安排手绘计划——多进行现场写生，或者对感兴趣的图片进行勾画。随处收集灵感，可以找寻契合的风格、有感觉的场景，也可以对周边环境、配景、建筑细部进行勾画，积累设计语言素材（图 1-31 和图 1-32）。

↑ **图 1-31** 街景速写

↑ **图 1-32** 图片速写，找一张图片或者照片将它们勾画出来

（3）感受过程并学会整理——不刻意强调技法，随心而画，放松绘制，写生中感受被绘制对象的空间、形体、色彩、细节；设计初期根据设计要求，把握设计理念及原则，跟随发散的思维，自由绘制想法，以图示语言记录思维过程，然后整理推敲；手绘快速设计准确审题，拟定设计构思，理清思路编排计划，绘制始终落实设计初衷，表现过程精炼、简捷、快速（图1-33和图1-34）。

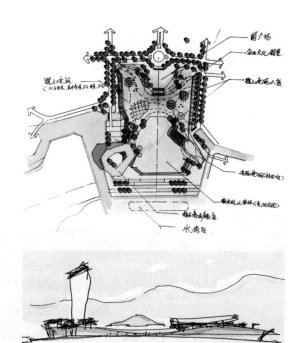

↑ 图 1-33　设计草图

← 图 1-34　设计草图

20

第二章
从平面到立体

From Plangs To 3D

手绘在某种程度上可以触及建筑艺术的灵魂。

第一节　透视

手绘建筑需要用图示来表达构思，这种表达在初期也需要一定的画法几何和透视原理来支撑，了解这些理论方法有助于我们更好的理解空间，理解透视关系，从而把控好我们需要表达的画面。透视画是把建筑物的平面、立面或室内的展开图，形成模拟真实的图像，是将三维空间的形体转换成具有立体感的二维空间画面的绘图技法。

一、透视原理

透视图即透视投影，在物体与观察者之位置间，假想有一透明平面，观者对物体各点射出视线，与此平面相交之点相连，所形成的图形（图 2-1）。

视点确定了视觉中心，视点选择是透视学习中的重要核心。由视点和灭点的不同组合形成了多种透视方式，主要包括：一点透视、两点透视和三点透视。

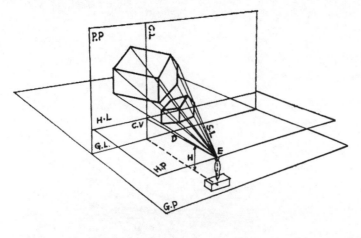

P.P. 画面　假设为一透明平面

G.P.地面　建筑物所在的地平面
　　　为水平面

G.L. 地平线　地面和画面的交线

E.　视点　视线集中于一点，人
　　　眼所在的点

H.P.视平面　人眼高度所在的水
　　　平面

H.　视高　视点到地面的距离

D.　视距　视点到画面的垂直距离

C.V.视中心点　过视点作画面的垂
　　　线，该垂线和视平线的交点

S.L. 视线　视点和物体上各点的
　　　连线

C.L. 中心线　在画面上过视心所作
　　　视平线的垂线

↑ **图** 2-1　透视原理关系图，反映出从实景到纸面的直观透视原理

（1）一点透视表现范围广，纵深感强，适合表现庄重、严肃的建筑或室内空间。缺点是比较呆板，与真实效果有一定差距（图2-2）。

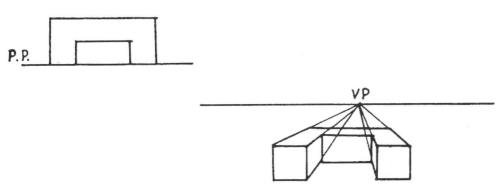

↑ **图 2-2** 一点透视原理图

（2）两点透视：物体有一组垂直线与画面平行，其他两组线均与画面成一角度，而每组有一个消失点，共有两个消失点，也称为角透视。二点透视图画面效果比较自由、冲击，能比较真实地反应空间。缺点是，如果角度选择不好则易产生变形（图2-3）。

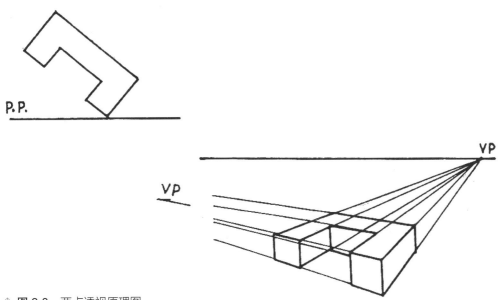

↑ **图 2-3** 两点透视原理图

（3）三点透视：物体的三组线均与画面成一角度，三组线消失于三个消失点，也称斜角透视。三点透视多用于高层建筑透视（图 2-4）。

在手绘建筑绘画中对透视有一个正确的认识，可以为我们更好的表达思维创作打下基础，在此不赘述各类透视方式的具体几何学画法。希望设计师和手绘爱好者能了解基本原理，认识透视表达方式，在设计及手绘实践中把握原则，灵活运用，轻松的看待手绘过程。

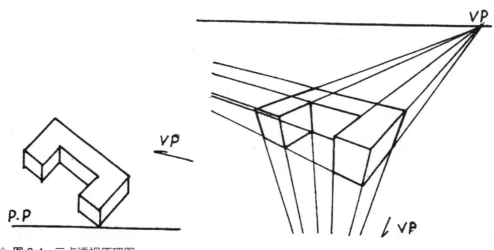

↑ **图** 2-4　三点透视原理图

二、透视规律

（1）凡是和画面平行的直线，透视亦和原直线平行。凡是和画面平行、等距的等长直线，透视也等长（图 2-5）。

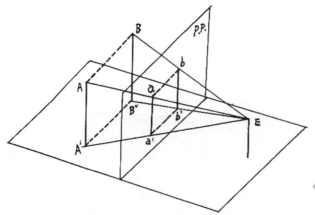

← **图** 2-5　AA′平行于 BB′且等长，那么画面上 aa′=bb′，且 aa′ ∥ bb′

（2）凡在画面上的直线透视长度等于实长。当画面在直线和视点之间时，等长且相互平行的直线透视长度距画面远的低于距画面近的，即近高远低的现象。当画面在直线和视点之间时，在同一平面上等距且相互平行的直线透视间距，距画面近的宽于距画面远的，即近宽远窄（图2-6）。

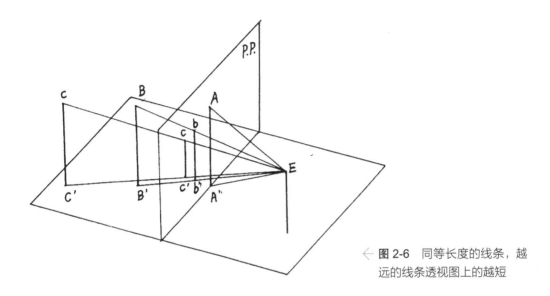

← **图2-6** 同等长度的线条，越远的线条透视图上的越短

（3）和画面不平行的直线透视延长后消失于一点。这一点是从视点作与该直线平行的视线和画面的交点——消失点。和画面不平行的相互平行直线透视消失到同一点（图2-7）。

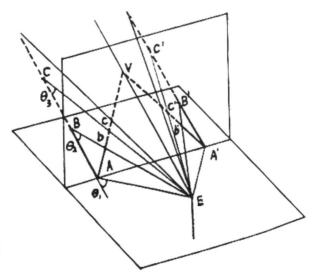

→ **图2-7** 两条平行线在画面上相交成了一点

（4）视角、视距、视高，不同的观察位置都会对透视造成影响。通过对下列简图的观察，掌握基本的透视倾向、绘画角度和透视原理（图 2-8 ~ 图 2-10）。

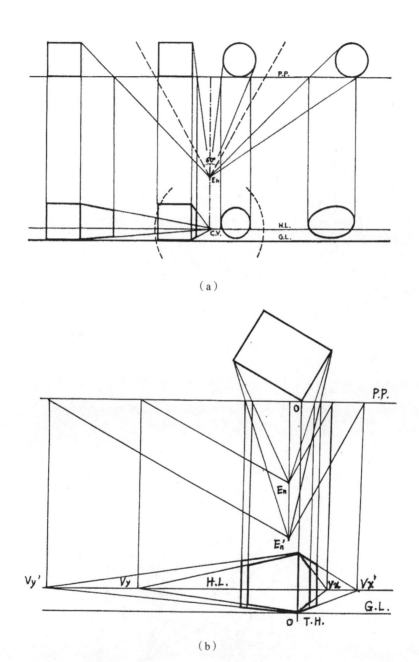

（a）

（b）

↑ 图 2-8　透视效果

（a）图中不同的观察角度，同样的物体得到的透视效果不同

（b）同样的角度，不同的观察距离，同样的物体得到的透视效果不同

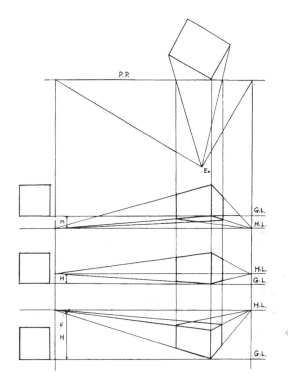

← **图 2-9** 同样的角度，同样的观察距离，不同的定义视高，得到的透视效果不同

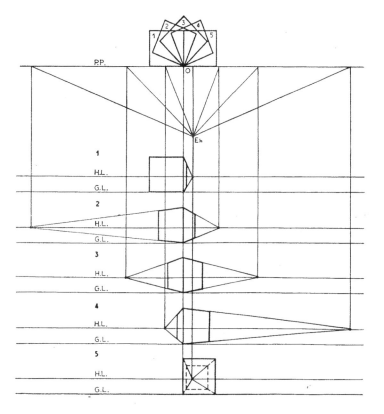

→ **图 2-10** 同样的角度，同样的观察距离，同样的定义视高，物体角度发生变化，得到的透视效果不同

　　了解基本的透视原理可以为我们准确地描绘对象、表达设计想法打下基础。不同的要素会影响透视画的表达，在速写或设计中应该选择适合的透视角度或效果来表达自己的意图，这个更为重要（图 2-11 和图 2-12）。

↑ **图 2-11** 一点透视视觉中心明确，形体对比对称性，画面稳定均衡

↑ **图 2-12** 两点透视冲击感强，表现形体丰富

三、快速透视技巧

常画透视画的人，不一定完全忠实于透视画的作图过程，这也是本书没有强调透视的几何画法而侧重透视原理的原因。画一些较为复杂的或层数比较高的建筑时，我们为了保证透视准确性同时节约时间，也会采用简略的透视画法（图 2-13 ~ 图 2-15）。

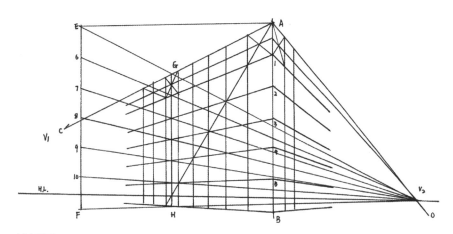

↑ 图 2-13　搭起框架

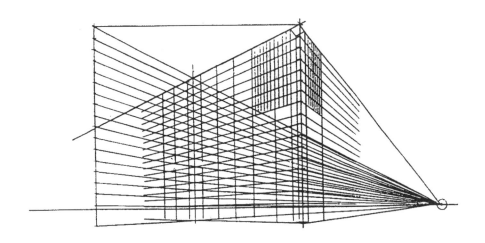

↑ 图 2-14　分割细化

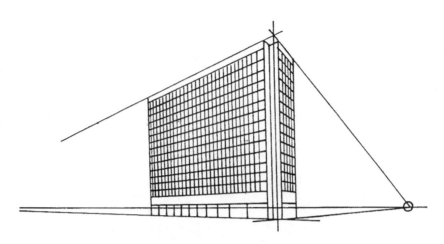

↑ **图 2-15** 整理完善

简略透视画法：

（1）画最前面的垂直线 A-B。

（2）作为角度、深度的外形线 A-C、A-D，此线为透视线，延长有消失点。

（3）A-B 按照立面上的格子，分成等分 1、2、3、4、5 格。

（4）A-B 的高度，由建筑物的高度判定，定 H.L. 线，AD 交点做 V2 消失点记号，AC 消失 V1 在线外。

（5）AB 上各点连接 V2，完成右侧透视线。

（6）画出接近 V1（出纸外）的垂直线 E-F。和 A-B 同法等分 E-F，等分各点与 V2 相连。

（7）E 与 V2 连接得 G 点，画垂线 G-H，并记出 6、7、8、9、10 和 V2 连接在 G-H 上的交点，即完成 V1 方向的透视线。

（8）利用分割和增殖方法画完透视格子及细小部分。

（9）熟练此方法后，可直接画窗格、柱子线条。

四、注意阴影的描绘

手绘建筑画中阴影的表现也是影响建筑效果、增强建筑立体感的重要手段。根据光源角度的不同，阴影的几何求法也不同，绘制中我们要应对阳光照射角度所造成的建筑阴影的变化；设计中我们也要努力让光线和阴影角度为我们的设计服务，营造不同的画面氛围（图 2-16）；立面上我们习惯为檐口、窗洞表现 45°的阴影效果，透视图中这些部位同样是阴影表现的关键（图 2-17）。

↑ **图 2-16** 丰富的光影效果增强了建筑表现力

↑ **图 2-17** 立面的阴影表现

第二节　构图

　　构图是主体在画面中的位置及与周边的关系，是建筑画中重要的考虑因素，它决定画面是否平衡以及表现的美感。手绘建筑通过合理的构图使我们表现的主题能够凸显，建筑特征明确，画面协调；设计中合理的排版布局使表述逻辑清晰、建筑设计方案明确、图面美观。

一、构图原理

　　均衡——增强画面稳定性，稳定感是人类在长期观察自然中形成的一种视觉习惯和审美观念，好的作品一定是构图达到了某种视觉上的均衡才能引起人们的共鸣。对称是一种均衡的方式，虽然缺少变化，但却能表达庄重、严肃、和谐的画面情感（图 2-18）。

　　三角形构图较为稳定，自然界中三角形构图无处不在，也要学会抓住和运用这种构图方法（图 2-19）。

↑ **图 2-18**　对称的构图

→ **图 2-19** 三角形构图

　　比例——建筑画构图中存在形体大小关系的比例，如画面的长宽比，高层建筑表现宜用竖向构图，多层较长的建筑宜横向表现等；画面分割关系比例，如建筑和配景在画面的位置关系，构图上我们经常使用黄金分割线的规律，不论是横向还是竖向布局，将视觉中心放在图面的黄金分割线上，也可以达到较好的图面效果（图 2-20）。

← **图 2-20** 构图的比例关系

　　对比——巧妙的运用对比的布局手法，可以突出和强化主题，在构图时我们常以黑白色不同形状大小的图案来拼出符合构成要素的完整图形，这就是一种练习构图的方式。这种练习在画面布局的时候不仅仅要考虑建筑形体本身，还要考虑主体建筑和周边建筑，建筑物和地面天空的图底关系的对比构成（图 2-21）。

↑ **图 2-21**　构图中的对比关系

二、避免构图误区

（1）主体构图过于饱满，画面没有层次（图 2-22）。

← **图 2-22**　画面过于饱满

（2）一点透视时，将景观建筑平分；两点透视时，将建筑转折中心放在图纸中心（图 2-23）。

↑ **图 2-23** 构图过于居中

（3）画面构图过于偏下（天空过多）或过于居中（等分天地）（图 2-24）。

↑ **图 2-24** 构图过于偏下或过于居中

（4）配景和主体画面走向完全一致，偏向一方倾斜，过于单调，重心不稳（图2-25）。

← **图 2-25** 透视方向过于一致

（5）配景尺度与主体建筑类似，形成干扰（图2-26）。

← **图 2-26** 主次不分

　　掌握好构图原则，培养视觉稳定性，手绘练习和表现中就会了解画面中除了主体的协调性外，还要兼顾周边及整个画面的统一关系，这样才能突出主体，正确地传达我们的表现对象及设计意图。

第三章
手绘钢笔画

Hand Drawings With Pen

建筑是人类历史文明的载体，是人与
自然社会和谐共生的真实记录，是建筑
师指尖下凝固的艺术。

丁玫

第一节 钢笔画基础

　　运用线条来表达观察到或创作中的建筑及场景，形式简单，快速有效，在学习中通过训练寻求手绘与视觉思维的互动哲学。通过动手勾画积累多样的表现手法，储存对比之后找寻适合自己的表现方式和技巧，帮助我们在设计中更好的记录和表达我们的情感。

一、工具介绍

　　手绘工具具有开放性的特点，通过练习探索各类工具的表现特点，灵活运用。练习中我们使用的主要画笔工具有：钢笔、签字笔、针管笔、自动铅笔、铅笔等（图3-1）。不同的纸张有不同的肌理，熟悉各类纸张的属性，善于运用不同类纸张的特性来增强画面的表现力。常用的纸张类型有：复印纸、绘图纸、硫酸纸、拷贝纸、牛皮纸等（图3-2）。不同的表达主题，应选择不同的工具来表达（图3-3）。

↑ **图 3-1**　常用画笔

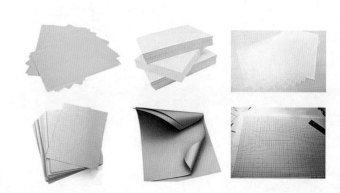

→ **图 3-2**　常用纸

↑ **图** 3-3 不同工具的建筑画表达

　　复印纸表面较为光滑，线条表现清爽干净，易于绘制流畅圆润的线条，可作为长期练习使用的图纸类型，配合针管笔、签字笔、钢笔使用；绘图纸耐磨可修改性强，配合各类铅笔，钢笔使用效果佳；硫酸纸致密细腻透明，易于上色且色调融合透明，多配合针管笔、钢笔、马克笔练习，同时硫酸纸绘制的彩色手绘图易于电脑后期处理（图 3-4 ~ 图 3-7）。

↑ **图 3-4**　复印纸钢笔画

↑ **图 3-5**　牛皮纸钢笔画

↑ **图** 3-6　绘图纸马克笔表现

↑ **图** 3-7　复印纸马克笔表现

还有其他的一些辅助工具也能为我们手绘制图提供方便，提高制图效率及准确性，如直尺、比例尺、三角板、量角器、曲线板、圆规等。此外橡皮、修改液、美工刀也是常用工具（图3-8）。

→ **图** 3-8　其他辅助工具

二、线条练习

同样是钢笔画，不同的作品中体现的风格和感情却不同，这往往和运笔者的习惯有关（图3-9）。刚劲有力的直线、柔中带刚的曲线、工整有序的线条都能传递出不同的感染力（图3-10）。了解和训练不同的笔法以表达不同的情绪，慢慢摸索适合自己的风格。

↑ **图** 3-9　肯定圆润的线条

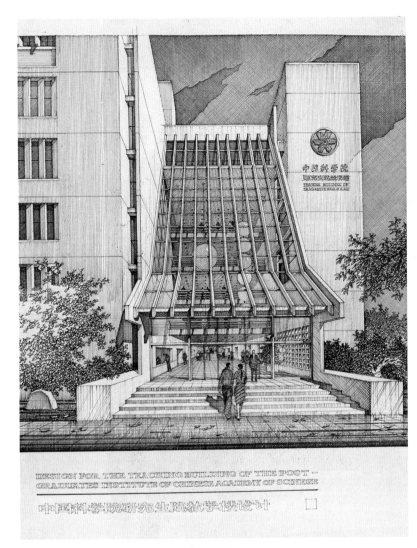

DESIGN FOR THE TEACHING BUILDING OF THE POST-
GRADUATES INSTITUTE OF CHINESE ACADEMY OF SCINESE

中国科学院研究生院教学楼设计

← **图 3-10** 细腻严谨的线条（彭一刚作品）

1．排线的意义

练习线条排线的目的，并非仅是将其所练习的排线方式直接应用于建筑绘画之中，其更多的意义在于让我们的手腕更加灵活，我们将其称为"打手腕"。相信很多人在绘画之初，所想和所画并非一致，似乎绘画的手不听使唤，所画内容达不到绘画者的意图，自然也就丧失绘画的意义和画者对绘画的兴趣。究其原因，就在于手腕灵活度不够，可见"打手腕"是绘画创作的基本功，是绘画者自由创作的基石。

通过对不同种类的线型进行长期训练是练习"打手腕"的最佳方式，练习阶段可以循序渐进，从基础的直线练习，到斜线，再到曲线，再到复杂线条构成的图形（图 3-11 和图 3-12）。

↑ **图** 3-11 "打手腕"方式图

↑ **图** 3-12 "打手腕"图例

2. 线条类型

线条从视觉角度可分为"直线"和"颤线","直线"适合表达现代建筑,刚劲而有力,"颤线"适合表达带有线脚的古典建筑,通过"颤线"的表达,可轻松概况古典建筑典雅之美(图 3-13、图 3-14)。

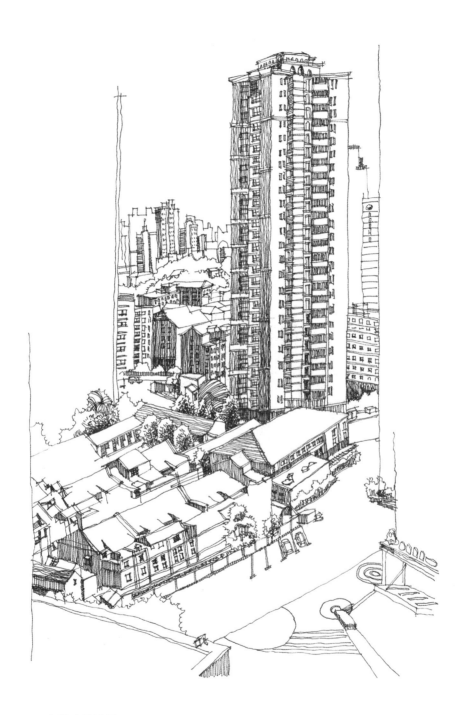

↑ **图** 3-13 直线建筑图例

↑ **图 3-14** 颤线建筑图例

3．练习方法

　　使用针管笔、签字笔或较细的钢笔，注意握笔姿势和运笔方式，每组单个训练一般控制在 6cm×6cm 或者 9cm×9cm 的方格内进行，画之前可以在纸上用铅笔或者钢笔确定方格四个角点的位置作为参考，训练中放松，不求速度，但求稳定，尽量保证线条圆润、排列均匀，不严重出框。通过训练不但可以锻炼手感，增强稳定性；还能对各类线条加深认识，灵活运用（自动铅笔、各类铅笔也可以进行排线练习）。主要练习内容包括：

　　（1）横向、纵向、斜向直排线练习，练习运笔的稳定性、准确性（图 3-15）。

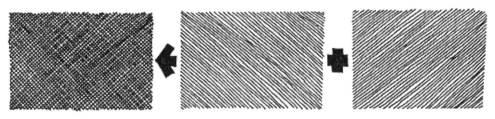

↑ **图 3-15** 排线练习。直线的排线练习，绘制中尽量保证均匀平行、疏密程度一致

（2）横向、纵向、斜向渐变粗细线的排线练习。练习线条运笔过程中的变化，让线条不呆板（图 3-16）。

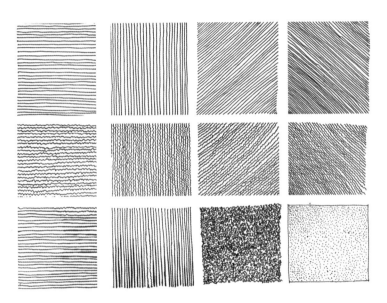

← **图** 3-16 排线练习。直线和小波浪线的排线练习绘制中尽量保证均匀平行，疏密程度一致；还可以练习线条的粗细变化，比如起点细，终点粗；也可以进行纹理和点练的练习

（3）短排线肌理练习（图 3-17）。

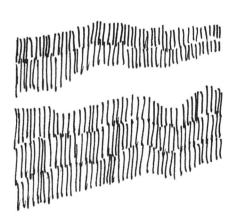

→ **图** 3-17 短排线练习。通过小短线的平行排列，组成有规律的图案

（4）几字线肌理练习（图3-18）。

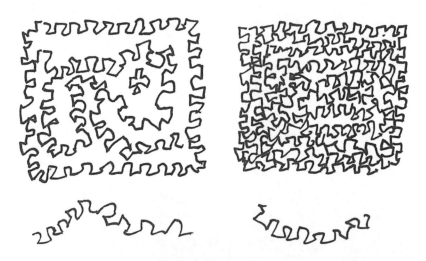

↑ **图 3-18**　几字线练习。几字线经常用于绘制植物和草坪等，熟悉笔感很重要

（5）齿状线肌理练习（图3-19）。

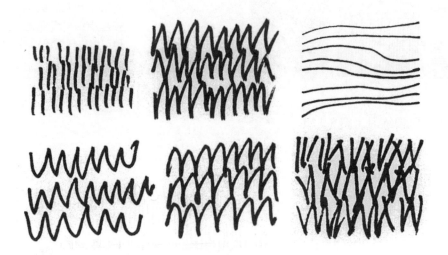

↑ **图 3-19**　齿状线练习常用于绘制植物和纹理等，绘制中注意线条连贯性

（6）曲线练习（图 3-20 和图 3-21）。

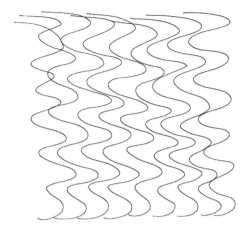

← **图 3-20** 曲线练习。常用于绘制曲面建筑、水面等，绘制中注意线与线之间保持平行，尽量不要交叉

→ **图 3-21** 弧线速写，注意线条要肯定，把握穹顶弧线准确性，一气呵成

三、线的技巧

1. 运笔技巧

绘画学习中，我们发现画长线条和画短线条的运笔方式不同。书法中我们写 "一" 的时候注重起笔落笔，线条练习也是一样（图 3-22）。

← 图 3-22　线条展示。注意长线条首尾运笔重实，中间流畅连贯

从线在纸面上运笔的距离，可将线条分为 "长线条" 和 "短线条"，如要画好这两种线条，首先要从人体工学谈起。在 "短线条" 运笔过程中主要是我们的手腕参与协作（图 3-23），手腕适合支持短距离运笔，如同我们写字一样；相反，如果我们想绘画 "长线条" 时，仅依靠手腕运笔是无法实现的，这时我们的手臂和肩部都有参与到绘画运笔中来（图 3-24），而且发挥着主要作用。

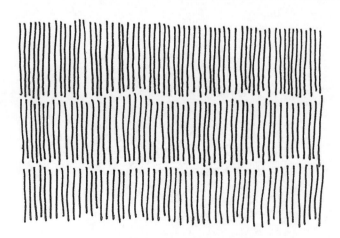

← 图 3-23　短线运笔，体会短线绘制中手腕的作用

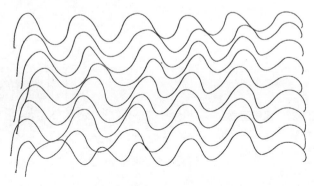

→ 图 3-24　长线运笔，学会对大弧线的控制

2. 注意绘画中的用线技巧

绘制建筑画时，除了熟练运笔使画面线条流畅外，为了明确建筑主体特征，营造氛围，避免练习误区，还需要注意以下几点：

（1）灵活使用不同型号的针管笔，画面中有粗细线对比效果更好（图 3-25）。

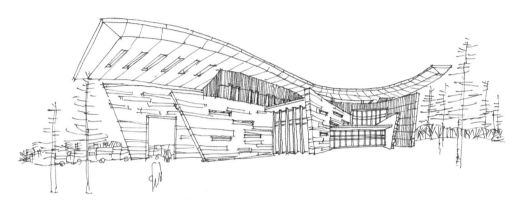

↑ **图** 3-25　线条粗细变化画面丰富

（2）学会运用光影和阴影表现的多样排线练习，线条练习也可以体现黑白灰（图 3-26）。

↑ **图** 3-26　光影增加立体感，排线要有规律

（3）线条过长可断开分段完成，线条错误不要过多的反复修改，过多的涂描容易产生节点，使画面凌乱（图3-27）。

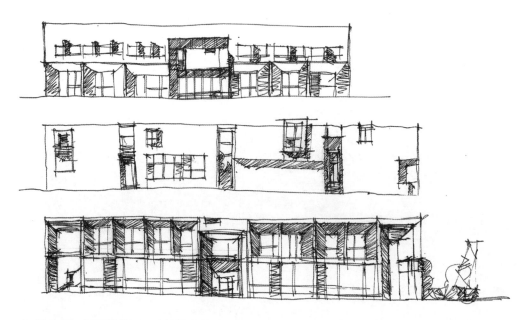

↑ **图3-27** 长直线练习，建筑轮廓处线条可以出头，直线中间尽量保证连贯，有错误的线条不要反复描绘

（4）注意线条的闭合，建筑边界及转折处的不闭合会使结构松散，学会线头的搭接，适当的搭接使结构显得严谨（图3-28）。

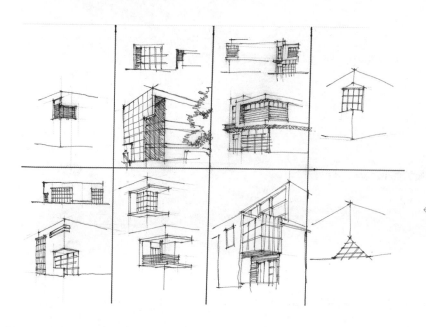

← **图3-28** 建筑边界练习，学习线头搭接，落笔要肯定、运笔连贯，搭接处可适当出头

（5）练习写生不用刻意寻找，身边的物品也可以作为练习的静物，积累练习通过排线塑造几何形体的方法（图3-29）。

← 图 3-29　桌面物品手绘

（6）手绘建筑可以是严谨的线条也可以是放松自由的线条，由心而画，不刻意束缚笔法（图3-30和图3-31）。

↑ 图 3-30　建筑手绘，不同的线条表达方式

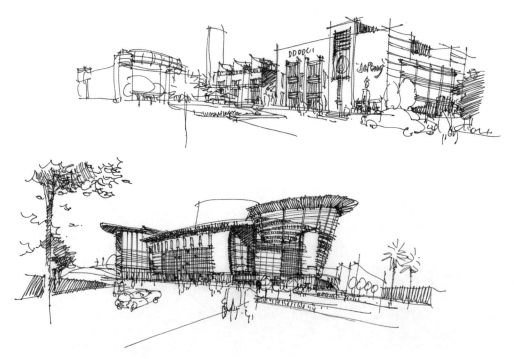

↑ **图** 3-31　建筑手绘，不同的线条表达方式

第二节　建筑配景表现

　　线条练习为建筑画的表现打下基础，遵循由浅及深、循序渐进的原则，建筑画中的重要组成元素——各类配景，将作为我们练习的开始。

一、配景

　　一副建筑画除了建筑主体外，还可能包括人物、交通工具、植物、石块、特殊地貌、水系、陈设（座椅、路灯、标示牌）等元素，这些元素有特定的功用，可以参照建筑比例，也可以烘托画面气氛，还可以使画面有节奏营造视觉秩序，手绘练习这些元素非常必要。

1. 树的表现

　　树的平面表现以树干为圆心，树冠为半径作圆，可以将平面树按画法分为轮廓型、分枝型、枝叶型、质感型；按种类分为阔叶树和针叶树。以下是比较常用的平面树的表现方法（图 3-32）。

↑ **图 3-32** 平面树。总平面图、首层平面图中的配景，绘制中注意线条流畅

总图中成片的树木（图 3-33）。

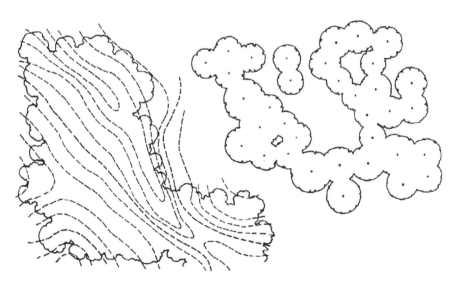

↑ **图 3-33** 大片的树。总平面图、首层平面图中的配景，成组植物的练习

立面及透视图中的树，由枝干和树叶轮廓组成（图 3-34）。

↑ **图** 3-34　立面常用树。以轮廓线条表达为主来刻画植物

树叶的运笔，可以分为几类：短排线、几字线、三角形集合、叶形集合，绘制中注意疏密关系（图 3-35）。不同的线型组合方式，肌理不同可以形成不同的远近关系（图 3-36）。

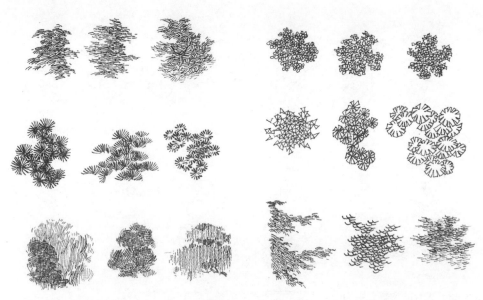

↑ **图** 3-35　常用树笔法。小圆形、三角形，不同方向的短排线组成了不同树叶的表达方式，练习它们熟悉画法，增强运笔的灵活性和手感

→ **图 3-36** 远、中、近景树，不同的笔法表现树的远近关系

　　快速表现中，我们常用的树叶线型包括"内弧形""外弧形"和"几字形"，"内弧形"线型具有一定锐度，适合表达中景树，具备一定视觉冲击力，同时也对树叶形态进行了一定的概括；"外弧形"线型显得圆融、饱满，适合表达远景树，可对树叶形态进行充分的概括；"几字形"线型适合表达近景树，可充分表达近景树叶的细腻、多变。上述三种线型在绘画时均可一气呵成，速度较快，适合在快速绘制中运用（图 3-37）。

↑ **图 3-37** 树的远、中、近，以线条为主可表达树与环境的远近关系

树干运笔要刚劲，钢笔运笔角度的不同可以刻画出树木枝干的关节转折，笔尖的粗细可以刻画树干和纹路的表现（图3-38）。

↑ **图**3-38　树干，不同的树，远笔力度不同

树的体积感，由明暗变化体现出来。从简化的体到复杂的体，绘制中注意留白，注意树叶排线的疏密（图3-39和图3-40）。

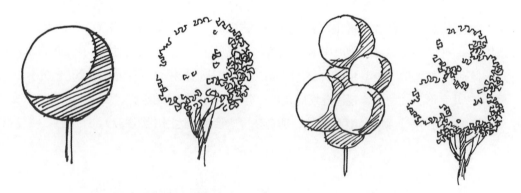

↑ **图**3-39　树的体积感，通过练习，熟悉树的体积

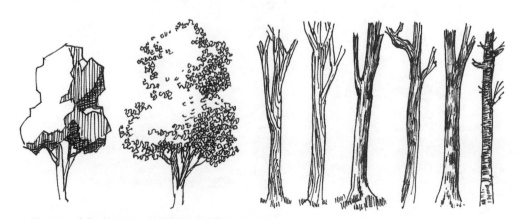

↑ **图**3-40　树干的阴影，熟悉树干和树的阴影变化

常用的几种建筑配景树（图3-41）。

↑ **图3-41** 配景树，几种常用前、中景树的画法

2. 草坪和灌木的表现

点画法，简单，易掌握，绘制时控制疏密，不平均，但要整体均匀，一般周边用点多，中心用点少。多用于平面及立体手绘图中（图3-42）。

小短线排列法，成行排列，常用于中景草地（图3-43）。

→ **图3-42** 点画草坪，常用
　　于表现草地、质感等

→ **图3-43** 短线草坪，
　　注意线条的长短变化，
　　营造草地的真实感

线段排列法，可重叠，可留白，线条可垂直可倾斜（图 3-44）。

→ **图** 3-44　线段排线，常用于表现草地，也用于绘制塑造建筑暗部、材质，注意不同线条组成的肌理效果

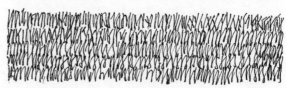

其他多种线条表现，同类线型的排列在植物的表现中运用较广（图 3-45）。

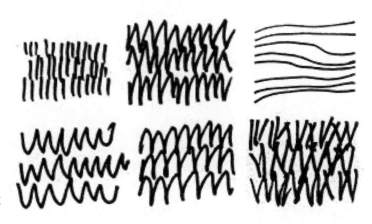

→ **图** 3-45　常用草坪笔法，几种不同笔法的表现

局部草坪与树木或灌木交界处可以这样处理（图 3-46）。

→ **图** 3-46 草与树

灌木常用的画法和排线组合方式（图 3-47 ~ 图 3-49）。

↑ **图** 3-47 灌木（一）

↑ 图 3-48　灌木（二）

↑ 图 3-49　灌木（三）

3. 水面的画法

常见的配景中有水岸、静态的水面和动态的水面等。不同的笔触和线条表达不同形态。可以多用颤线和曲线表达水体反射，虚幻之美（图 3-50）。

↑ **图 3-50** 水面表现笔法

4. 石块地貌的画法

平、立面图中的石块通常只用线条勾勒轮廓，很少采用光线、纹理的表现方法，以免失之凌乱（图 3-51）。

↑ **图 3-51** 石头

5．人物的画法

人物是衡量建筑尺度的重要标志。注意视高的影响，绘制人视图时，由于透视的远近不同，人物的大小也不同，但是所有人的视线都在定义的视平线上；绘制俯视图时，人物随远近变化近大远小（图3-52）。

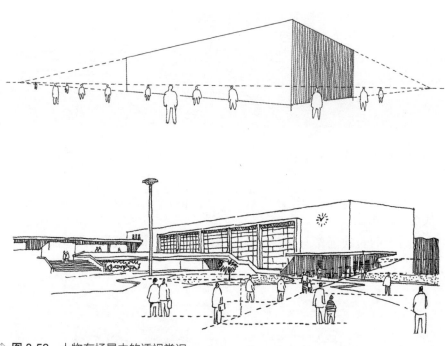

↑ **图** 3-52　人物在场景中的透视常识

常用的配景人物画法，注意不同配景环境中运用适当的配景人物，烘托画面氛围（图3-53和图3-54）。

↑ **图** 3-53　常用人物

↑ **图** 3-54 人物画法

6. 交通工具的表达

建筑画中常见配景车，画汽车要考虑到与建筑物的比例关系，过大或过小都会影响到建筑物的尺度。在透视关系上也应与建筑物相互协调一致，否则，将会损害整个画面的统一（图3-55）。

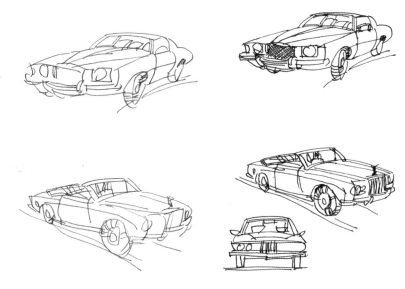

→ **图** 3-55 配景车

　　船和车类似，注意几何体的组合关系画法，学会将复杂物体转换为简单的几何图形（图 3-56 ）。

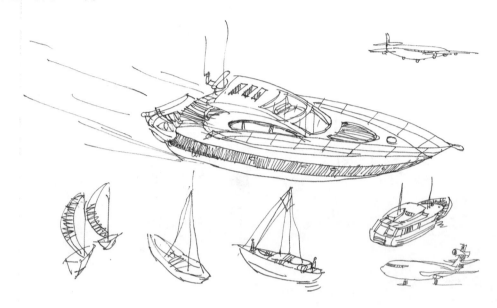

↑ **图 3-56** 配景

二、小品和气氛

　　景观小品、建筑环境元素丰富且体量较小，练习易于上手，是日常速写快速练习的很好题材。

　　1. 手绘小品（图 3-57）

← **图 3-57** 室外小品

2. 环境也是画面气氛烘托的重要元素（图3-58）

↑ **图 3-58** 丰富画面环境

第三节　建筑表现

　　线条组织方式的练习，配景小品的练习使我们熟悉画法，钢笔建筑画同样需要用排线和不同的运笔、笔触变化来实现。多种不同的线条表现方式和肌理效果来达到较强的视觉冲击，表现建筑主体，绘制过程是经验积累，也是认识建筑、培养发展设计思维的过程。

一、建筑物绘制

1. 从形体简单的建筑入手到复杂的建筑群组（图3-59和图3-60）

↑ 图 3-59　建筑构件。从建筑局部练习写生，熟悉建筑构造细部，同时加深对空间的认识

↑ 图 3-60　建筑组合。群组建筑在绘制中可以看作是多个简单几何体的组合

2. 练习不同风格的建筑（图 3-61 和图 3-62）

↑ **图 3-61** 民居建筑。民居是常见的写生蓝本，绘制中注意线条要肯定、流畅，以及空间关系

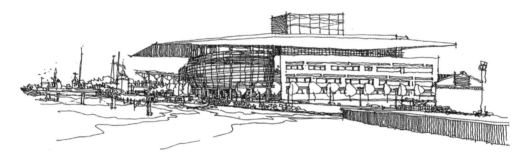

↑ **图 3-62** 现代建筑。绘制时可先用铅笔定位，然后再用钢笔刻画，注意要突出建筑主体

3. 练习不同笔法的建筑（图 3-63 和图 3-64）

↑ **图 3-63** 自由的笔法，线条要肯定，表现速度较快

↑ 图 3-64 严谨的笔法，细致刻画，营造不同的气氛

4. 练习曲线为主的建筑（图 3-65）

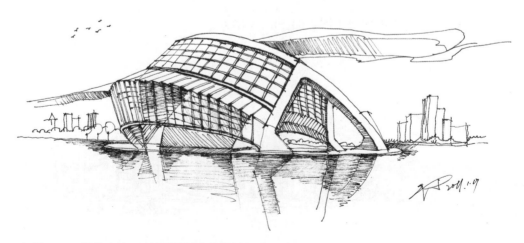

↑ 图 3-65 弧线建筑，通过弧线较多的建筑练习手感

这些练习不仅仅是笔法手感的练习，还应注意建筑细部的设计和做法，养成随手勾画记录感兴趣的建筑或建筑细部的习惯（图3-66）。

↑ **图3-66** 街景写生，注意建筑主体转折及不同材质、细部的绘制

二、建筑表现分步骤练习1

绘制建筑设计作品为了更准确完整地表达最终效果，也可以分步骤进行绘制。

1. 铅笔打稿，草图确定基本的视点和灭点，确定建筑轮廓。

2. 钢笔完成建筑轮廓勾画，注意比例尺度。

3. 增加建筑细部，如门窗、墙体分割线、材质表现，添加阴影，增强体积感，增添配景，突出建筑尺度等。

三、建筑表现分步骤练习 2

1. 铅笔定位，确定构图关系及建筑轮廓。

2. 针管笔或签字笔绘制建筑主体及周边环境，把握轮廓，注意比例、角度、透视的关系。

3. 刻画细部增加阴影，增强建筑立体感。

四、建筑钢笔画范例

城市鸟瞰图。本图的高层建筑为视觉中心，周边建筑绘制相对简单。鸟瞰图侧重反映全貌，所以应注意建筑与建筑之间空间次序的准确性。线条要肯定，流畅，注意接头。

  建筑写生，先用铅笔定位，确定构图，钢笔绘制时，主体建筑刻画要细致，绘制线条要肯定，阴影部分排线要有规律，不要涂抹。

　　长线绘制建筑轮廓，短排线绘制办公楼外表的材料和阴影表现，丰富画面，主要配景也通过短排线来表现，表达水面及建筑倒影。

　　坡地建筑，注意把握主体的仰视角度、建筑体块的前后关系，门头为视觉中心深入刻画，两侧弱化表现。

　　水乡民居速写表现，注意透视及建筑主要特征的细部刻画，比如山墙、壁龛、屋顶等。

　　水乡民居速写表现，注意建筑层次，核心区应刻画细致，注意水面表达。

水乡民居速写表现，注意建筑群组透视关系及细部刻画，注意水面的不同表达。

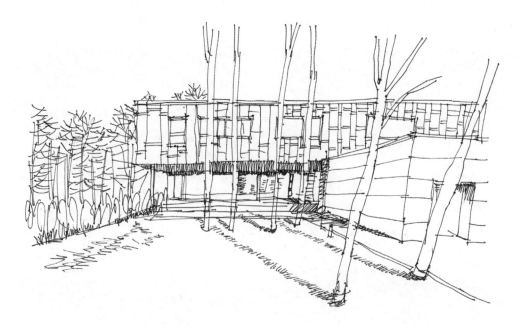

　　建筑速写，表现形体组合空间关系，透视要把握准确，线条要流畅，把握主要特征，快速表现。

第四章
手绘马克笔表现

Hand Drawing With Markers

从手绘中感受建筑的
美，用手绘去思考、
表达设计。

——罗玲玲

第一节　基础训练

　　建筑除了形体空间上的不同，还有色彩、质感、光线等方面的不同，要反应这种多样性，色彩运用非常关键。色彩能更有效地反映设计情感，将设计思路更全面地展现出来，学习色彩的运用，从每天生活中观察自己周围的光与色的变化开始。

一、工具介绍

　　常用的表现建筑速写、建筑方案的色彩工具有：马克笔、彩铅、蜡笔、水彩、水粉等。不同的工具带来的画面效果截然不同，本书主要使用马克笔（图 4-1），辅助彩色铅笔作为色彩表现的工具。马克笔一般配合选择吸水性较差、纸质结实、表现光滑的纸张作画，比如复印纸、马克笔专用纸、白卡纸、硫酸纸等。

↑ **图 4-1**　常用马克笔

二、马克笔笔触练习

　　不同属性的马克笔特性不同，根据溶剂不同，主要分为酒精、油性和水性 3

种。本书大部分练习采用的都是酒精马克笔。

（1）制作色表。将买回的马克笔按照明度从浅到深，色相从冷到暖进行排列，每只笔画横向排列整齐，后面添加笔的编号，制作好后贴在书桌前面方便日后上色选色使用（图4-2）。

↑ **图**4-2 制作选色色卡

（2）排线练习。方式类似钢笔运笔排线，排线时用笔速度和力度的不同会产生不同的效果（图4-3）。

↑ **图**4-3 排线练习

（3）叠加及渐变（同色系叠加、同色系渐变、不同色相叠加对比），观察叠加后颜色的变化（图 4-4）。

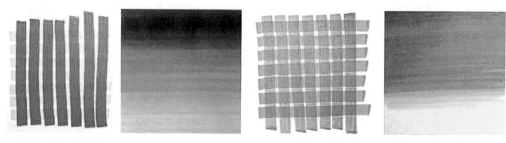

↑ **图** 4-4　叠色练习

（4）绘制方格进行排线练习，体会不同笔触的效果。根据用笔角度不同如平行纸面运笔、侧锋运笔、压角运笔、笔尖运笔等会形成不同的线条效果（图 4-5）。

↑ **图** 4-5　运笔练习

（5）注意比较笔触的叠加，了解干笔触和湿笔触的叠加效果（图 4-6）。

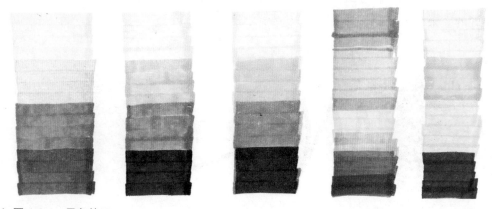

↑ **图** 4-6-1　叠色练习

→ **图** 4-6-2　叠加颜色练习结合笔触练习

　　一般选择两种颜色做叠加试验（最多三种），通过这些练习熟悉工具，熟悉不同色相、明度、纯度色彩的叠加效果，积累色彩组合方式，为手绘建筑颜色的选择和设计打好基础。

三、马克笔的用色原则

（1）马克笔上色前要做到心中有数，把握画面的整体关系，确定画面基调（图4-7）。

↑ **图** 4-7　冷色基调

（2）色彩调节，注意大气及环境对颜色影响，不单纯以物体的固有色决定马克笔的用色，比如远景树受到大气环境影响一般会偏蓝色（图4-8）。

↑ **图** 4-8　远景树

（3）先确定并绘制建筑整体色调，然后再深入刻画细节，保持突出的建筑主体（图4-9）。

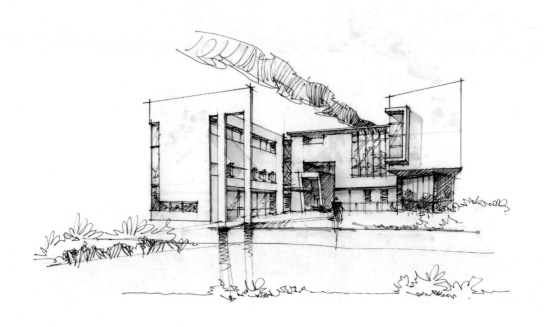

↑ **图** 4-9　细节描绘

（4）用色先浅后深，控制冷暖主色调，同时要注意留白，还要考虑色彩叠加后产生的色彩变化效果（图4-10）。

↑ **图4-10** 局部用色叠加

（5）马克笔上色要快，不要长时间停顿，以免颜色渗开，根据所画物体的界面，一条线段从开端到末端，不宜断开，运笔也要流畅（图4-11）。

↑ **图4-11** 建筑角部

（6）上色一般跟随建筑结构方向用笔，画面会显得有韵律，且结构转折清晰（图4-12）。

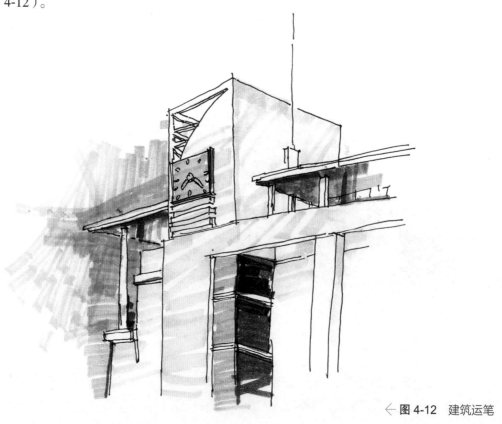

第二节　建筑构件及配景

熟悉了笔法，同时对马克笔色彩叠加产生的效果有了认识，具备基本的选色用色能力，接下来我们用马克笔来塑造形体。

一、从几何体入手

首先我们从简单的几何体开始入手。用针管笔勾画几何形体的轮廓，然后分析光源的方向以及黑白灰关系，选择颜色，绘制时注意排线规律和形体的关系（图4-13）。

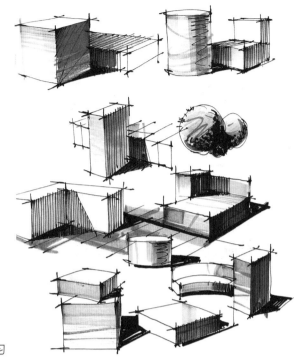

→ **图** 4-13 几何形体练习

二、配景表现

配景是建筑表现的重要组成部分，练习马克笔表现从植物、人物、车辆、天空、水面等配景开始，图幅较小，适合快速多幅练习，也更易于掌握。

1. 植物表现

首先确定线稿，确定植物主色调，然后选择同色系马克笔由浅及深进行描绘，冷暖关系协调、黑白灰明确才能体现出植物的体积感，最后刻画细节表现枝叶穿插的效果（图 4–14 ~ 图 4–18）。

↑ **图** 4-14 常用灌木表现

← 图 4-15　常用
乔木表现

← 图 4-16　常用
草坪表现

← 图 4-17　组合
表现

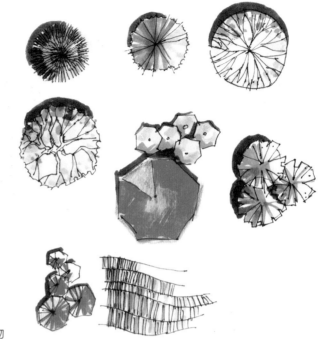

→图 4-18 平面植物

　　根据明度变化绘制植物，先定基调，逐层补色，由浅到深，整体色彩统一（图
4-19～图 4-21）。

→图 4-19 植物（一）

← **图** 4-20　植物（二）

↑ **图** 4-21　植物（三）

2. 人物

　　人物练习，首先绘制人物轮廓，然后刻画头发、衣服等细节，上色注意衣服头发等原色、明暗关系和色调，笔触要流畅。绘制中注意人物比例、强调明暗关系突出体积感（图4-22和图4-23）。

↑ 图 4-22　人物表现

↑ 图 4-23　场景中的人物表现

3．车辆表现

车辆练习，注意笔触走向对形体塑造的帮助，控制好比例和明暗关系（图 4-24）。

↑ 图 4-24　常用车辆表现

4．水景表现

水景表现，注意从岸边到水面中心用色的深浅变化，倒影的表现，高光的表现等都能丰富水面的表达。通常建筑画中水面作为配景表现，用笔笔触肯定流畅，效果自然生动（图 4-25）。

↑ **图 4-25** 水景表现

5. 景石表现

景观石练习，绘制景石轮廓，注意前后大小关系，首先确定冷暖关系，用浅色马克笔绘制石头和环境的底色；然后用深色马克笔增加层次，强化石块体积感；注意预留亮面或添加高光丰富画面（图 4-26）。

↑ **图 4-26** 景石表现

6. 天空表现

天空表现，一般在快速表现中使用排线绘制（图4-27）。

→ **图**4-27　天空表现

三、综合练习

除了单独的元素练习，我们也可以做一些场景的综合练习，这种综合练习可以通过日常的临摹、写生和设计场景来完成。

通过对场景认识，以快速记录的方式来表现场景中的各类元素，注意对主色调、元素特征及明暗关系的把握（图4-28）。

↑ **图**4-28　综合场景表现

先用钢笔绘制场景主体及周边环境轮廓，再用马克笔为场景上底色确定主色调，然后绘制场景中各个元素的固有色，暗部及细节，最后绘制天空，点亮高光（图4-29）。

← **图 4-29** 综合场景表现

第三节　建筑表现案例分析

一、马克笔表现步骤分解 1

1. 分析整幅图的色调，选定主要建筑物及配景用色，色调要统一，然后开始打铅笔稿。

2. 用墨线勾画主体及配景，注意强调视觉中心。

3. 用选好的马克笔进行渲染上色，着重突出主体，建筑色彩和材质表现明确，注意细部刻画，保证画面统一和谐。

二、马克笔表现步骤分解 2

1. 铅笔打稿，首先确定地平线位置；然后合理布局，确定建筑主体在图纸中的位置；用铅笔勾画建筑轮廓要简单，笔触少关系准确；最后确定重要的前景树的位置。

2. 在铅笔稿基础上运用针管笔绘制建筑及场景，注意建筑主体用线肯定，配景用线流畅，增加人物及其他配景，丰富场景内容，同时增加主体及主要配景暗部效果。

3. 渲染主要颜色，控制画面主色调，注意留白，绘制主体颜色。

4. 绘制主体及周边色彩，刻画细部，绘制暗部层次关系，注意保持画面色调统一。

三、马克笔表现步骤分解 3

1.　上面介绍了练习的一般步骤，当我们对钢笔画和马克笔掌握较为熟练后，也可以简化步骤，直接进行场景的钢笔写生。

2.　然后绘制主体及周边色彩，抓住主色调，应从浅到暗，快速着色。

3. 简化步骤的练习可以提高我们的快速表现能力。以下图为例，同样先进行钢笔写生，刻画主体及场景元素。简化的步骤不用铅笔打稿子，要保证钢笔画表现的准确性，需要我们平时的经验积累。

4. 最后进行着色表现，注意色调的控制和把握，注意场景中各类元素的表现层次及色彩的协调性，保证画面色彩统一。

四、综合手段色彩写生案例

除了马克笔可以表现建筑色彩外，常用的建筑快速表现的色彩工具还有彩色铅笔。彩色铅笔可以单独使用，使用中注意笔触摆布整齐，色调统一、明暗关系明确（图4-39）；也可以马克笔和彩色铅笔配合使用，增加快速表现中的细部刻画和层次（图4-40）。

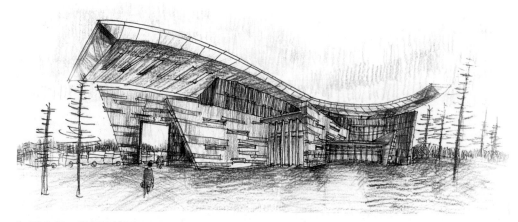

↑ **图 4-39** 彩铅建筑画

↑ **图 4-40** 马克笔＋彩铅建筑画

第五章
设计表达

Design Representation

建筑手绘是最原计原味的设计
是建筑人心灵和情感的写真

黄鹂俐

第一节　手绘记录建筑

我们一直强调手绘是最直接表达设计思维的方式，那么如何通过手绘构建与设计思维间的关系，如何锻炼"设计——手绘"手脑协同能力，培养手绘与设计思维间相互转换习惯，将是我们研究的重点。

为更加详尽阐述手绘与建筑设计的关系以及如何共同促进、共同培养，我们建立手绘与建筑间的逻辑关系图，以图示记录和快速设计两条逻辑主线展开分析，图示记录即以手绘方式记录建筑，快速设计即以手绘方式传达设计思维，这些名词所代表的具体含义将在下文逐一解释。通过具体操作、实践，搭建手绘与设计创作之间的线性关系，发掘手绘背后的思维线索与设计价值，使设计师在练习中对两者间产生更为深刻的理解。

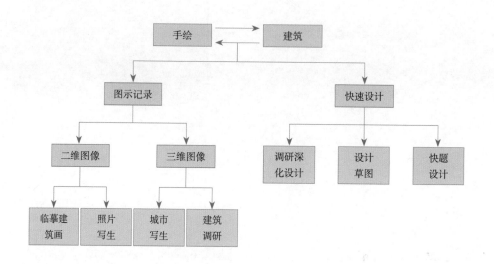

一、手绘记录建筑的意义

记录建筑的方式有很多种，如拍照、摄影、亲身游走等。手绘作为记录建筑的方式之一，与拍照、摄影不同，照相机"阻挡了观察"，相机作为一种用于快速记录、复制景象的工业品，无需对事物做出深刻的了解，不能记录内在思想、空间结构与组织关系。相反，手绘能够通过对所绘制对象的主观取舍，形成绘制焦点，其意义不仅在于记录建筑本身形体、内部格局等客观信息，更能加深记录者对这些建筑设计方式和表达语言的理解。可见，通过长期手绘记录建筑训练，可有效提高记录者对不同建筑设计语言和设计手法的认知能力，积累设计知识，逐步形成自身特有的设计思维。

在此过程中，记录者大可不必刻意规避初期对设计语言、手法的借鉴与模仿。如现代主义建筑大师勒·柯布西耶，在其早期欧洲之行中，通过对雅典卫城（图5-1），帕台农神庙，巴洛克式修道院（图5-2）等经典建筑地观察、绘画，从不同的视角进行勾勒，汲取养分，品味古典建筑之美。并在此过程中，开始思考建筑创作，建筑与城市间的关系等问题，逐步建立具有个人色彩的建筑思想，形成独特的建筑设计风格。

→ **图5-1　雅典卫城**
（勒·柯布西耶）

→ **图5-2　保加利亚城**
市加布罗沃—巴洛
克式修道院（东方
游记）

可见，作为建筑行业从业者，通过手绘记录经典建筑，不是简单、机械、重复式地照抄复制，而是思辨建筑设计，逐渐形成记录者自身技艺和创作能力的重要方式。

二、手绘记录建筑的方式

从绘制对象角度而言，可将手绘记录建筑分为手绘记录二维图像和手绘记录三维空间两种。其中手绘记录二维图像是指对二维图纸进行绘制，而手绘记录三维空间则是指对三维实体建筑进行绘制。两者概念上虽有所区分，但就绘制难度而言，往往是循序渐进，两者具有一定的递进关系，其中手绘记录二维图像相对容易，而手绘记录三维空间则往往要建立在手绘记录二维图像的基础之上，具体区分如下：

第一，手绘记录二维图像。通常手绘记录二维图像的绘制对象有建筑画和原始照片，即建筑画临摹和照片写生。其中对优秀建筑画作品的绘制、模仿，可快速学习、借鉴他人图像处理技法，有效提升绘画者独自处理画面的能力，如绘制角度、图像焦点选取，线型搭配，虚实关系处理，构图等，即由三维实体建筑转换二维图形的能力（图5-3）。与此相比，对原始照片进行绘画的难度要稍高一些，其原因在于绘制原始照片时，需要绘画者有独立的虚实处理、焦点选择、线型运用以及平面构图等能力（图5-4）。

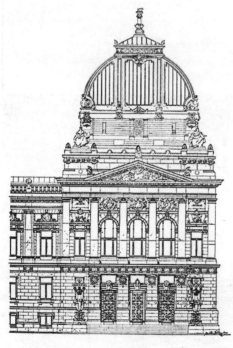

Fig. 351. Universitäts- und Landesbibliothek. Detail der Vorderansicht.

← **图5-3** 大学图书馆部分立面-斯特拉斯堡
——临摹精致的手绘图纸

↑ **图5-4** 临摹照片

第二，手绘记录三维空间。通常分为建筑写生和建筑调研。其中，建筑写生强调对建筑外形的记录（图5-5）；而建筑调研则需记录者通过对建筑及其周边环境进行整体观察，通过对建筑功能、流线、结构、建筑场地关系、建筑细部、节点等进行深入了解、观察、分析之后，在记录者重新思维组织下，对现有实体建筑的各个部分进行手绘记录。

↑ **图5-5** 速写

通过手绘记录三维空间，能够增强记录者对建筑的外部空间关系、材质色彩、造型艺术、细部节点、内部功能、动线组织等方面的认识（图5-6），是认知建筑过程中的重要一环，有助于记录者对建筑、周边环境的深刻理解。

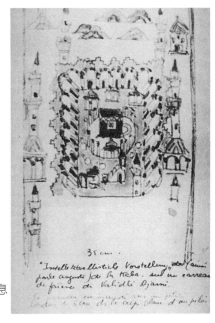

→ **图5-6** 柯布西耶—伊斯坦布尔一座清真寺　记录信息不仅仅是建筑本身

就记录方式而言，可以对建筑三维图、总平面、平面图、立面图、剖面图、局部节点等进行绘制（图5-7）。

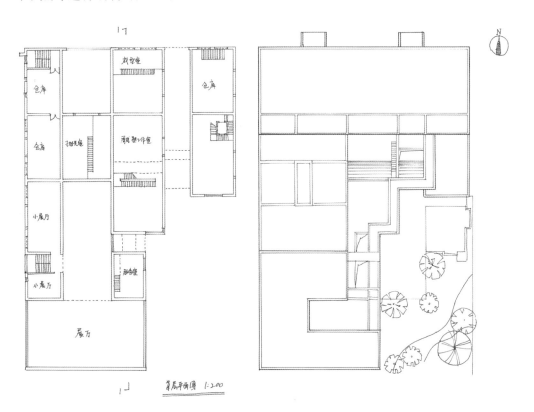

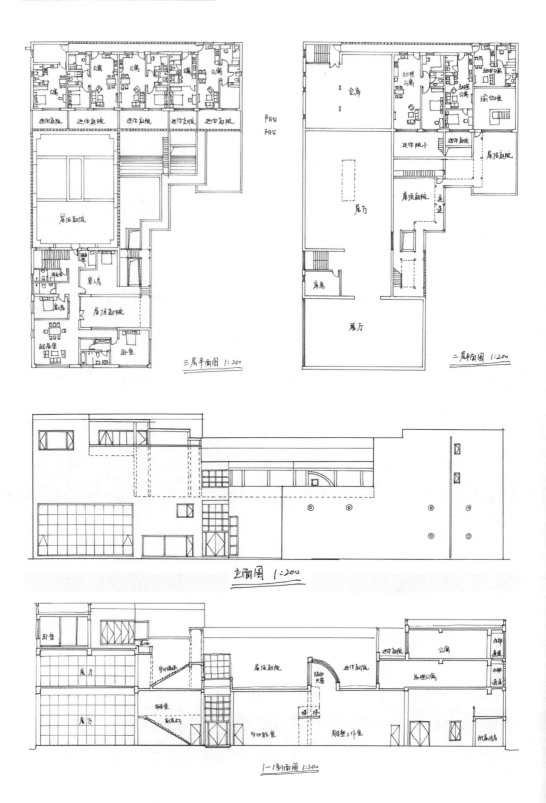

三层平面图 1:200

二层平面图 1:200

立面图 1:200

1—1剖面图 1:200

↑ 图5-7-1 平面图、立面图、透视图的绘制增强了对原有建筑的理解

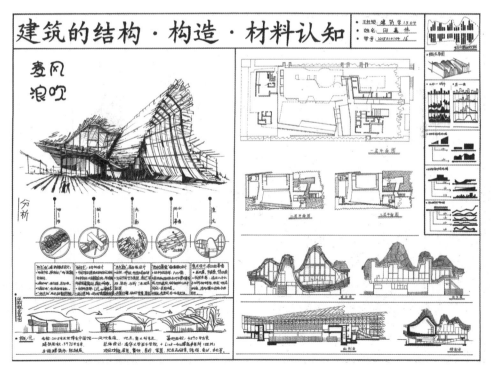

↑ 图5-7-2 风吹麦浪手绘记录

在用手绘记录建筑过程中，切忌纯粹复制照抄，要建立在对建筑构成、形态语言、设计重点等方面深刻理解的基础上，对建筑进行有选择式记录。对重要部位、节点要着重刻画，非重点部分则要适当弱化，整个画面要富有张力，有所强调，有所规避。犹如使用长焦相机拍照，重点景物则是对焦焦点，成像清晰、色彩鲜明、富有细节，而配景则会弱化与模糊。

第二节　手绘传达设计

如果说手绘记录建筑是对建筑思维、设计语言的输入，那么手绘传达设计，则是建立在前者基础上，通过手绘的方式，输出设计灵感，实现建筑创作。与计算机创作相比，手绘创作最为直接、快捷。

手绘与设计之间具有内在逻辑关系，手绘是快速传达设计思维的一种表达方式，设计是表达思维的实质内容。根据长期教学经历与从业经验，以手绘方式进行快速创作的主要形式有三种，分别是调研深化设计，草图设计，快题设计。不同类型的快速表达对手绘的运用方式、锻炼目的和设计提升也各不相同。因此，本书针对上述三种不同快速创作类型各自特征，进行了分别论述，阐述如何锻炼和培养手脑协同能力，利用手绘传达设计思维。

一、调研深化设计

即对现有建筑进行二次图纸设计。在此过程中，绘制者通过对基地内的组织情况，周边建筑布置，建筑与城市关系，以及建筑自身造型、平面组织、流线动线、内部空间等要素进行调研，在尊重周边客观现实条件基础上，凭借绘制者创作经验、灵感，对现有场地内建筑重新组织设计，以手绘方式予以体现。手绘表达形式可以是三维透视图、平面图、立面图、局部分析图等。通过二次图纸设计，能够有效提升手绘表达能力和设计分析能力，同时亦可积累丰富设计语汇（图5-8、5-9）。

→ **图5-8** 被调研的建筑及周边原型

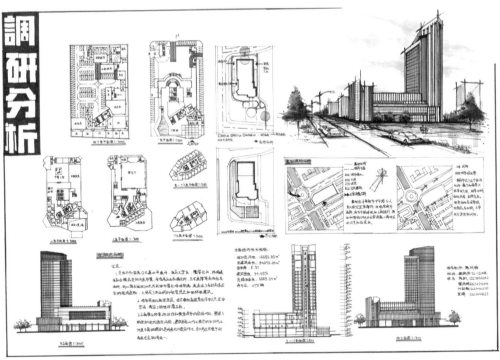

↑ **图5-9** 针对调研区域的地理环境因素、现有建筑的功能等方面的调查研究，重新设计新的符合调研场地、功能需求的新建筑

二、草图设计

草图设计通常分为创作性草图和解释性草图。通常创作性草图对于设计师并不陌生，往往发生在设计初始阶段，将创作灵感快速绘制，草图成像一般相对潦草，为阶段性思考结果，可用于多方案比较（图5-10）。解释性草图则用于向他人解释说明设计意图、产品结构情况等，解释性草图多以线条为主，相对规整、清晰，多作为演示之用（5-11）。

↑ **图5-10** 泛华大酒店设计草图（邢同和）

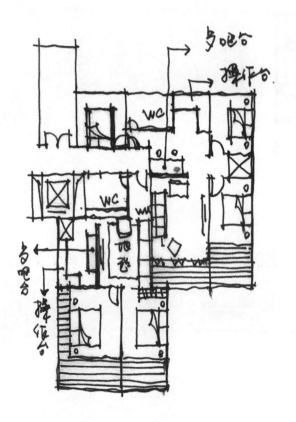

→ **图5-11** 解释性草图

三、快题设计

快题设计是方案设计的一种形式，要求设计者在短时间理解题意，优化设计程序，理清设计思路，最后能快速准确地以建筑平面图、立面图、剖面图、效果图、分析图、设计说明等方式，将设计思维进行表达、展示。快题设计能较全面地表达建筑创作，同时反映思维过程，可见，快题设计能够完整阐述手绘与设计创作间的关系。

下面我们以设计思维形成和要素表达要点两个维度介绍快题设计，其中设计思维形成部分，以时间纵向为轴，由浅入深，由表及里展示设计思维形成过程。

（一）设计思维形成

1. 审题

快题作为一项完整性设计表达，任务书是快题设计的基础，是出题人对设计本身的客观要求。因此，当我们拿到设计任务书后，切忌盲目展开设计，没有经历由模糊到清晰的审题过程，任何设计成果必然存在漏洞，以至推倒整个设计方案，可见，审题对快题设计而言的重要性，下面从如何审题进行切入。

首先，在拿到项目任务书之初，要逐字逐句通览一遍，将其中关键字迅速圈出，主要有以下三个解读范围。第一，场地环境特殊要求，如保留树木，保留构筑物，场地四至，邻近建筑；第二，建筑本身设计要求，如建筑设计风格，场地内部预留通道；第三，建筑本体之外的附属要求，如停车位、室外展场。快速圈出关键字，能够有效防止后期二次读题时，复读大段文字，浪费时间，再次读题时只看关键字即可（图5-12）。通读任务书后，需要将任务书中关键字、关键数据、规范依据及设计常识等信息反馈至大脑，为下一阶段工作储备信息。

其次，用绘制泡泡图的方式，将所有房间进行功能划分，如展示功能、办公功能、后勤功能等（图5-13）。划分不同功能分区的目的在于从更为整体、宏观的角度把握审题方向，避免陷入如何具体排布房间的细节之中。同时，结合场地周边环境，初步判断不同功能分区布置位置，与周边道路的关系。

2. 草图绘制

首先，根据上一节所绘制的泡泡图，结合动静分区、私密性分区等原则，在任务书上预判不同房间应放置的层数（图5-14），考虑水平及垂直动线组织方式，此时应有意识将辅助用房及面积大小一致房间尽可能上下层对位布置，如卫生间、开水间等，以便于柱网排布，提高设计效率。

其次，结合场地设计条件，对场地出入口、室外场地分区、总图限制要求、室外停车位、交通落位做出相应判断。

小型独立美术馆建筑设计任务书

一、设计任务书

1、项目场地条件

　　某中国画家存有一批宝贵画作及书法作品，并藏大量收藏珍品。现拟新建一座小型美术馆。项目位于华北某城市风景区内，基地北侧邻城市次干道，东、南侧邻城市公园，西侧临城市绿地及城市次干道，城市绿地可根据实际使用情况进行开口处理。场地西侧为文化产业基地。场地内有一棵百年古树需保留，胸径 1 米，枝叶直径 6 米。（见附图）

2、设计内容

2.1 项目占地 3735 ㎡，建设规模约为 2000 ㎡，层数 2 或 3 层；

2.2 考虑外来停车问题；

2.3 考虑无障碍设计；

2.4 各功能房间具体要求如下：

序号		设计内容	使用面积（㎡）
1		画家介绍厅	100
2	展厅	国画展厅	600
		书法展厅	300
		藏品展厅	300
3	收藏保管	收藏间	50
		修复、裱画、照相、复制	80
4	创作办公	画室若干	80
		会议室	40
		接待室	40
		管理办公	20
5		其他（前厅、休息、小卖部、卫生间等）	150

注：室外可设置展廊或展场，面积不计。

↑ **图5-12** 任务书中找重点

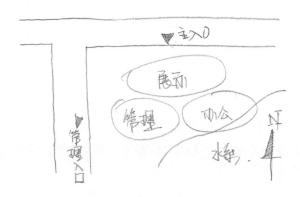

← **图5-13** 泡泡图（可以作为分析图）

2.4 各功能房间具体要求如下：

序号	设计内容		使用面积（m²）
1		画家介绍厅	100
2	展厅	国画展厅	600
		书法展厅	300
		藏品展厅	300
3	收藏保管	收藏间	50
		修复、裱画、照相、复制	80
4	创作办公	画室若干	80
		会议室	40
		接待室	40
		管理办公	20
5	其他（前厅、休息、小卖部、卫生间等）		150

↑ **图**5-14　任务书中标出房间的设计楼层

再次，结合此前层数划分及功能分区初判结果，用1∶500比例绘制方块图，按照一定比例，在地块内将所有房间用方块图形式进行排布。在此过程中，需明确各个功能分区位置布局，建筑出入口，场地口部与周边路网关系，同时也要考虑造型因素，形成初步设计方案（图5-15）。

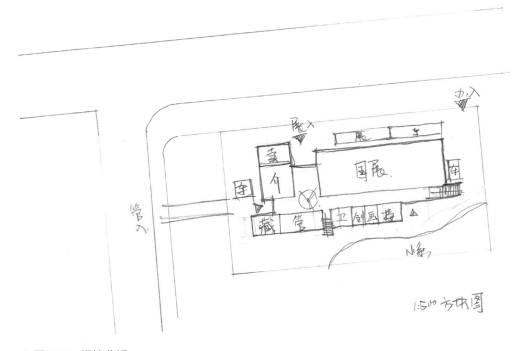

↑ **图**5-15　场地分析

最后，根据任务书要求，绘制1：200首层平面草图，对此前1：500方块图进行适当修正、深化，包括明确房间长宽比、柱网布置等，明确平面轮廓与场地关系。由于此平面仅为草图，二层及以上房间布局也尽可能在此平面基础上完成，不需要绘制门窗洞口等元素，仅绘制房间轴线即可，以节约设计时间（图5-16）。

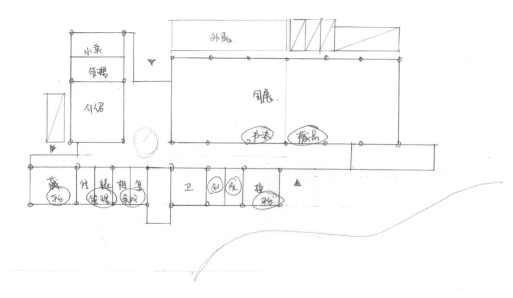

↑ **图5-16** 绘制平面草图

3. 形体构思

在进行平面功能、轮廓设计过程中，亦要考虑到建筑造型因素。通常建筑造型表达在短时间内难以独立构思完成，此过程需结合此前我们在手绘记录建筑过程中，所积累、沉淀、储蓄下来的设计语言，在此整合后加以运用。在快题设计过程中，需快速勾勒形体构思草图，用于表达建筑形体虚实关系、体块特征等信息（图5-17）。

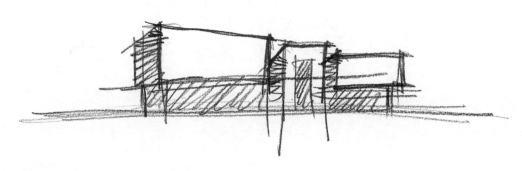

↑ **图5-17** 体块分析、功能分析

通常而言，在建筑造型表达过程中需对重点区域进行着重处理，就一般建筑而言，建筑主要出入口、转角、局部突变是表达重点。因此，绘图者需对这些部位存储一定设计语言，适时加以融合，以提高设计速度和质量。

综上所述，建筑设计往往是多种因素综合后，经设计者对比分析，权衡出的最优结果。设计思维往往比我们在这里阐述的要复杂得多，在此仅希望给大家适时启发，提供设计创作思路。

（二）要素表达要点

快题设计常用来考察设计师素养，多用于学生考试、工作考试、注册师考试等，快题表达完整性、规范性、制图严谨性是判断快题绘制质量的重要标准。下面，我们对快题各要素表达重点展开分别论述。

1. 总图设计

总图内容主要分为场地内设计和周边环境设计。其中周边环境设计需表达建筑与周边主要道路、周边建筑之间的关系及场地出入口布置。场地内设计除了要表达建筑单体，亦要对场地内动线、铺装、绿化、停车位、门房等要素进行表达。

就图面效果而言，建筑轮廓应加粗处理，建筑阴影朝向准确，红线范围内场地的规划、表现应更为细致，同时不要忘记指北针、层数和图名信息（图5-18）。

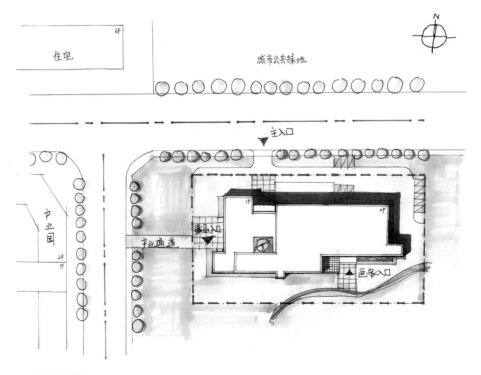

↑ **图5-18** 总平面图

2. 平面

平面图主要反映建筑功能布局、平面分区及动线组织。其中首层平面主要包括门厅、主要功能房间、交通空间、卫生间、辅助房间等。此外，平面表达反映绘制者基本功，要严格符合设计规范，如房间采光、朝向、楼梯数量、疏散距离、无障碍设计、房间门数、疏散门门间距等要求。其中无障碍设计为直线式坡道时，坡面宽不小于1200，坡度不大于1：12；房间面积超过60m²需要设置两个门，疏散门门间距大于5m。同时也要规避常识性错误，如房间长宽比，常规房间宽、进深比不得超过1：1.5；楼梯、卫生间数量及布置位置，通常位于不同功能分区之间，主入口附近要设置楼梯。

就表现而言，首层平面轮廓周边要附带场地环境，内部平面中的墙体、窗户、门要表达明确，图面要体现结构形式、开门方向，卫生间、楼梯间要表达直观清晰，图面整体制图逻辑清晰，表现流畅。同时不要忘记指北针、标高、方向箭头、剖切符号和图名等信息（图5-19）。

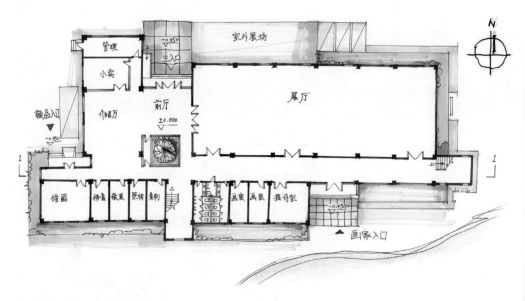

↑ **图5-19** 首层平面图

标准层及其他层平面图绘制和首层类似，另外需注意挑空区域要使用洞口符号，本层与下层动线关系（5-20）。

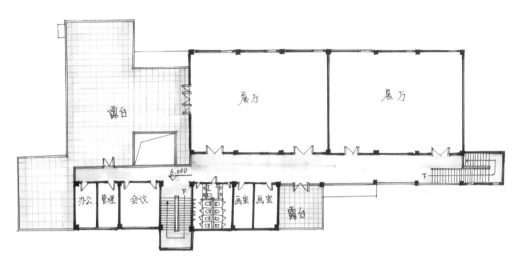

↑ **图**5-20 标准层平面图

3. 立面

立面是以二维图像方式反映建筑形态，立面图要直观表达建筑外貌及立面材料。就表现而言，立面图轮廓应加粗处理，门窗洞口用细线表示，以丰富线条层次；增加配景以直观反映建筑比例；并附以阴影体现空间感。同时不要忘记标高、两道尺寸线和图名等信息（图5-21）。

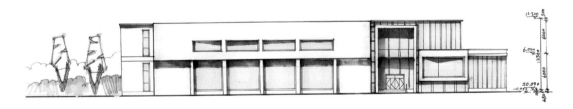

↑ **图**5-21 立面图

4. 剖面

剖面图意义在于认识建筑内部竖向空间尺寸及布局，需客观反映建筑结构类型、梁柱关系、门窗高度、女儿墙类型等信息。因此，剖切位置应选在空间变化丰富的区域。表现上可绘制少量配景，以表达内部空间属性及空间比例尺度。同时不要忘记室内外高差、标高、两道尺寸线和图名等信息（图5-22）。

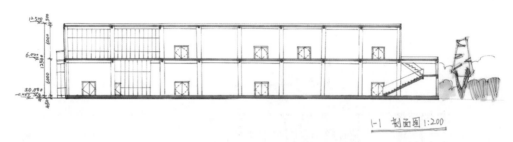

↑ **图**5-22 剖面图

5. 分析图

通常分析图不在任务书要求图示范围内，但恰当的分析图可有效阐明绘制者设计思路，突显作品亮点。常见的分析图有：建筑形体推演分析、建筑功能分区分析、建筑内部或外部场地流线分析、场地景观分析、建筑内部空间分析和建筑色彩材质对比分析等（图5-23和5-24）。

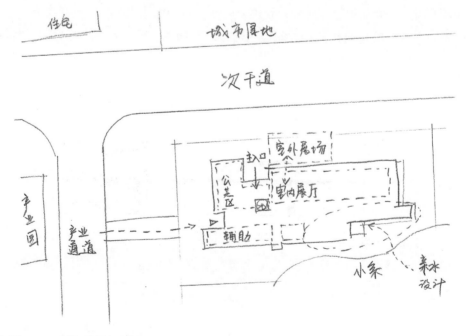

↑ **图**5-23 建筑环境关系分析图

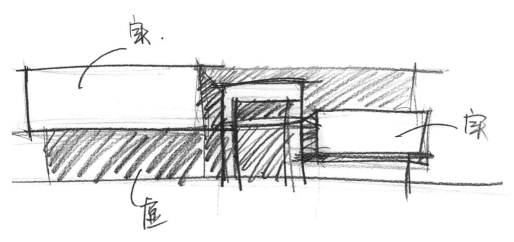

↑ **图5-24** 建筑形体分析图

6. 透视图

透视图是以二维表现形式传达三维空间效果，能够直接反映建筑形态特征。常见建筑透视有一点透视和两点透视，一点透视适合表达进深跨度远的建筑，视觉效果较为庄重、严肃；两点透视则显得轻松、活跃，适合表达形体变化丰富的建筑，通常建筑的主立面是效果图表现重点。

就表达效果而言，透视准确是表达重点，绘制中注意视平线高度，通常为1.60m附近，用色干净明快，明暗关系清晰，适当绘制人、树、铺装、构筑物等配景，可有效丰富画面，展示场景氛围（图5-25）。

↑ **图5-25** 建筑表现图

7. 设计说明

快题设计说明意义在于通过简洁、针对性文字阐述设计内容及思想，与分析图相似，但表达方式不同。设计说明的内容一般包括阐述设计思维过程、反映设计要点，反馈对设计要求的理解等，同时也可配有建筑功能、流线、建筑形体和建筑细部分析图示说明等（图5-26）。

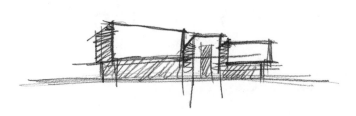

↑ **图5-26** 设计说明

8. 构图

常规快题设计一般采用A2或A1图纸进行表达，版面构图效果对阅图者产生直接影响，因此，优质的版面构图对展示设计作品至关重要。通常在绘制总图、平面图、立面图、剖面图和设计说明前，需结合图纸大小，对版面进行整体把握。布置原则遵循平面构成原则，即注重图底关系，画面均衡、稳定、充实。如果需要多张图纸表达，通常把首层平面图和效果图分开布置，原因在于首层平面图和效果图的着色程度、内容丰富度要远高于其他图种，将其分开布置有益于形成构图重心，丰富版面（图5-27）。

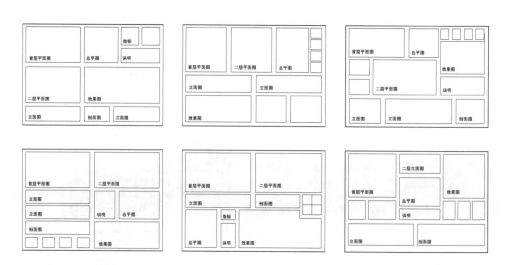

↑ **图5-27** 各种构图方式

以展厅快题为例（任务书见附录1），将任务书中要求的图纸布局在A2图纸中，最终效果如下：

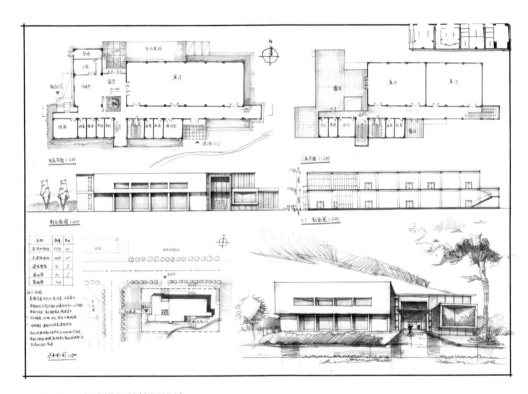

↑ **图5-28** 完成排版的快题设计

（三）快题示例

以景区中的小餐厅快题（任务书见附录2）为例，来完成一个完整的快题。

快题不论面积大小，涵盖的内容和要求基本都类似，下面以图例形式介绍每个部分的绘制要点。

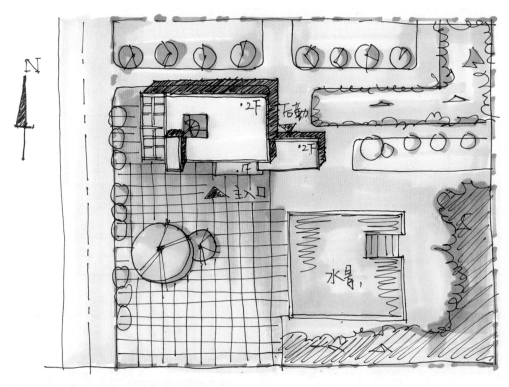

↑ 图5-29 总平面图——注意突出建筑，增加阴影，绘制指北针，周边环境交代清晰

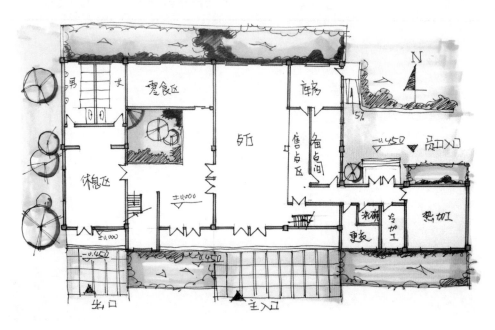

↑ 图5-30 首层平面图功能安排要合理，流线要清晰，景区休息区和餐饮部分的区分应明确，同时建立内部联系，设计食品货物流线

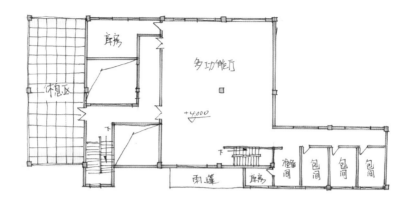

↑ **图**5-31 二层平面图，注意功能合理安排，疏散符合规范要求

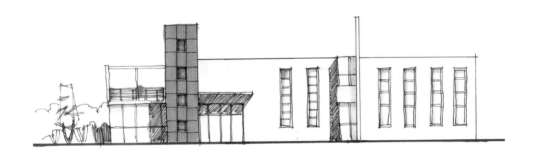

↑ **图**5-32 立面图，注意突出主入口，增加阴影体现形体变化，丰富立面，增加配景

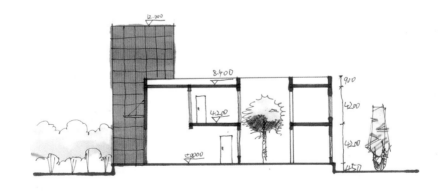

↑ **图**5-33 剖面图，添加标注和主要标高，梁柱用深色，注意室内外高差，增加配景

↑ **图5-34** 透视图，主体表现明确，配景比例合理，整体用色丰富而统一

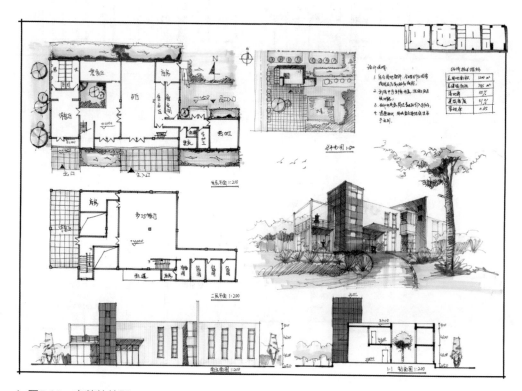

↑ **图5-35** 完整的快题

第三节　手绘建筑小结

　　我们通过对手绘记录建筑和手绘传达设计的分别论述，构建了"手绘——设计"间的直接关系，手绘不仅可记录眼睛所见到的世界，更能反馈内心所想的思维。而手绘与设计思维的结合，应融合在我们日常记录、设计、草图勾画、思维展示等多方面。

　　将手绘变成一种日常生活、学习中的习惯，可以提高我们描绘周边事物的速度及精准度，亦能够迅速捕捉设计思维，保障设计思维的逻辑推演，提升创作表达能力。

　　通过以上论述希望大家能够建立设计思维与手绘间的联系，运用相应的训练方法，使设计思维和手绘共同进步发展，并能在绘画中享受手绘过程。让我们从一个小本子开始记录我们的建筑之旅！

优秀作品范例

　　教堂为主要表现对象，注意其在构图中的位置，强化拉丁十字式教堂主体和穹顶特征，近景房屋弱化，弱化中不要千篇一律，在"Z"字形构图中，关键位置刻画要深入，其它次之，保证画面透气不死板。

　　把握两点透视，注意构图稳定，对视觉中心建筑及景观深入刻画，两侧简化。

　　注意建筑群组屋顶关系及层次，同时注意主体建筑和其他建筑的关系，水景用
线条表现，在近岸的边缘一般是暗部，由岸边向水面中心渐变过度。

　　注意主体建筑形体关系，注意弧形线条的稳定，绘制中不要过于追求速度，直
线及垂线表现要流畅，轻松，线条不要压得过实，保证视觉中心的丰富性。

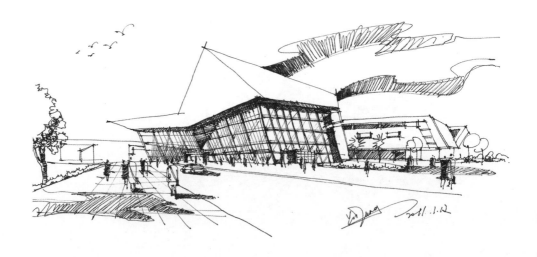

　　主体建筑由较多长直线组成，注意线条稳定，保证流畅，线头较重，中间不要压得过实。玻璃表现线条用笔轻、快，反映材质特点。

　　把握建筑形体，用线连贯流畅，注意配景人物、车辆的透视大小，注意视觉中心表现深度。

建筑主体弧线较多，注意膜结构的表现方式，以及主体弧度把握。

街景及建筑的线条表现，突出视觉中心。色彩以马克笔淡彩为主，刻画建筑及景观的固有色及暗部，选色时注意整体色调冷暖统一。

　　高层建筑群组表现，注意排线规律，保证线条流畅，疏密有节奏，马克笔上色，选色时注意整体色调控制，淡彩表现，把握主要建筑、景观固有色及特征。

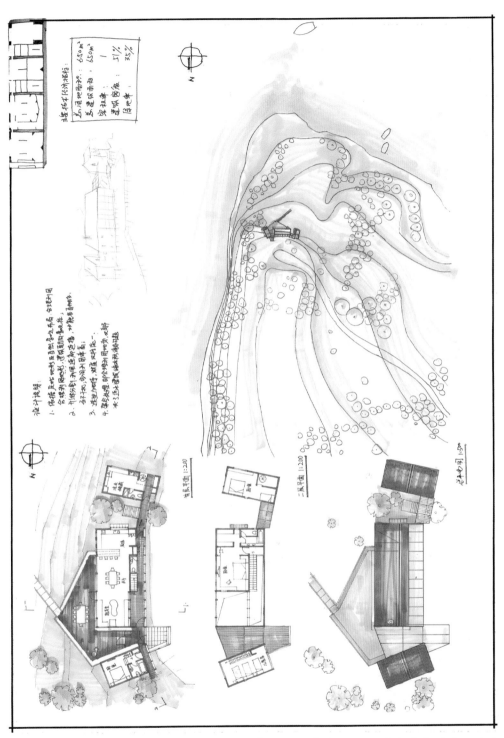

该快题为山地别墅，面积较小。设计中把握现有地形，环境和主体关系，内部功能设计合理，通过体块组合合理分隔内部功能。通过连廊连接，连廊和室外休息平台使内外景观相互渗透。

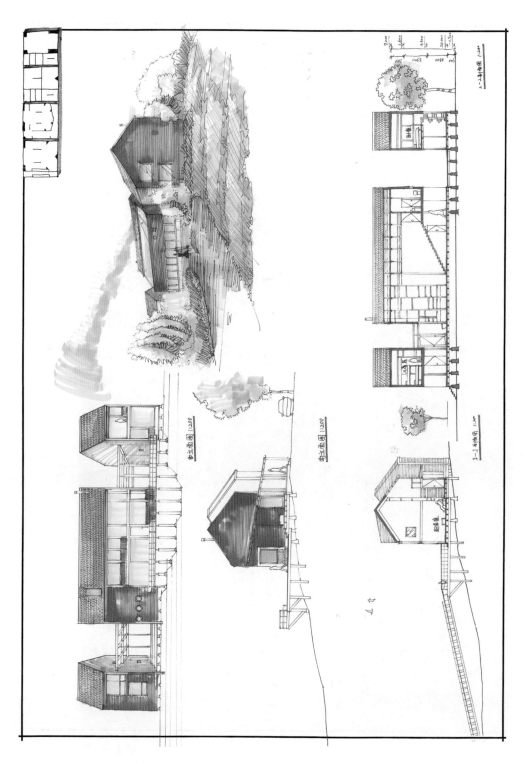

A2纸绘制，注意排版及构图。

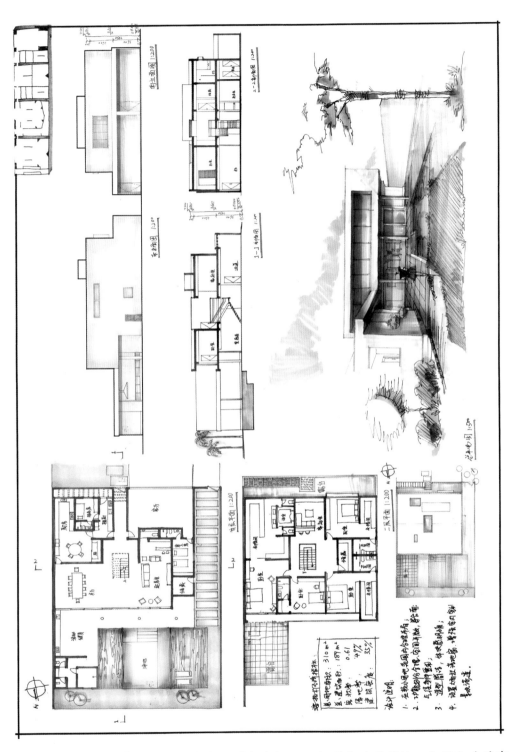

别墅设计，在有限的用地内合理划分空间，几何形体造型简洁，大面积玻璃窗立面虚实对比强烈，同时适合设计所在地（海南）气候特征，功能划分合理、利用充分，房间豪华舒适。绘制工整，建筑特征明确。

手绘渲染图书馆设计方案，构图合理绘制工整。

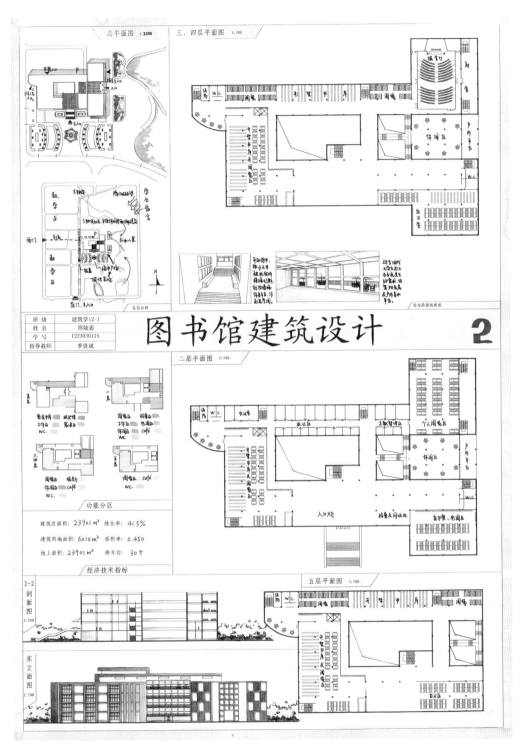

图书馆建筑设计

2

设计中注意功能、流线、建筑形式的把握，增加了较多分析图来分析建筑形态形成过程、功能分区、流线分析、景观分析等。

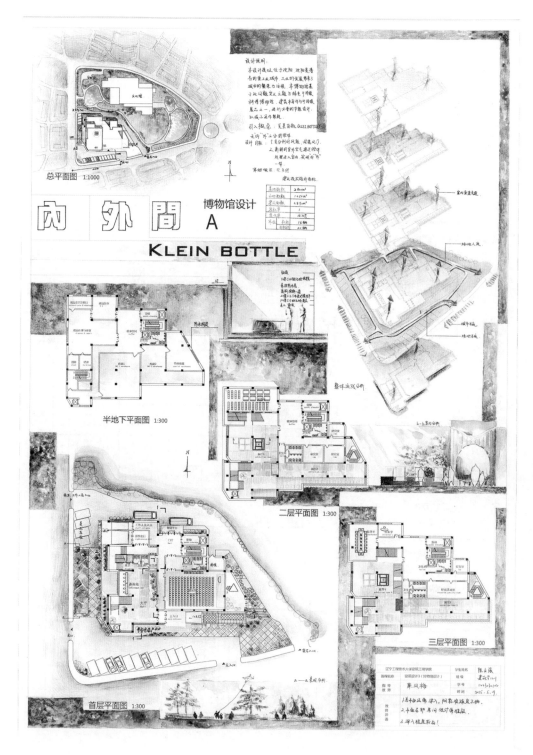

博物馆设计，构图灵活，渲染效果丰富，通过多种图示丰富和表达自己的设计意图。

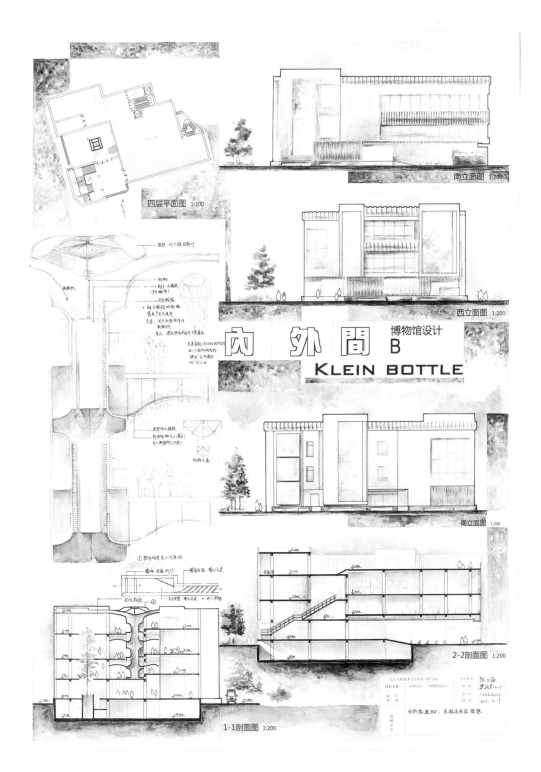

四层平面图 1:300

南立面图 1:200

西立面图 1:200

内 外 間 博物馆设计 B

KLEIN BOTTLE

南立面图 1:200

2-2剖面图 1:200

1-1剖面图 1:200

设计功能合理，同时考虑建筑节能、绿色建筑和建筑景观内外渗透的关系。

KLEIN BOTTLE

内 外 間 c

博物馆设计

通过小的局部透视反映博物馆内部的空间感受。

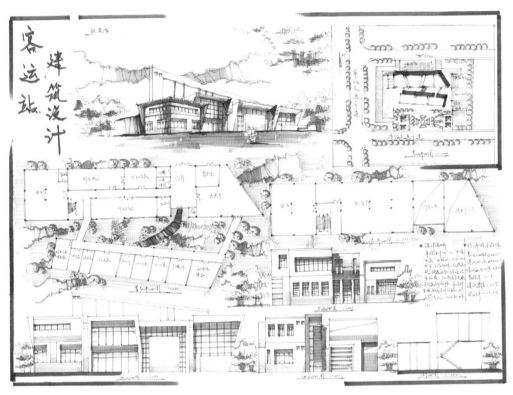

长途客运站快题表现内容完整，画面流畅，表现较好。

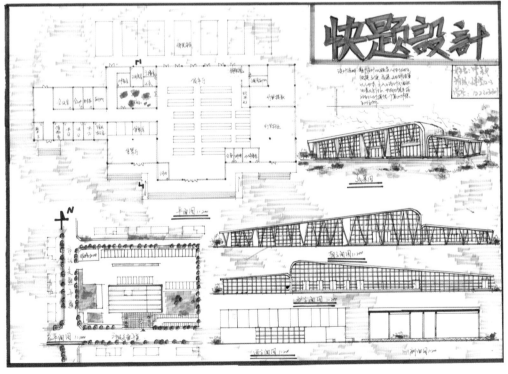

长途客运站快题表现，功能合理，流线清晰，排版灵活，画面统一。

附录

附录1　小型独立美术馆建筑设计任务书

一、设计任务书

1．项目场地条件

某中国画家存有一批宝贵画作及书法作品，并藏大量收藏珍品。现拟新建一座小型美术馆。项目位于华北某城市风景区内，基地北侧邻城市次干道，东、南侧邻城市公园，西侧临城市绿地及城市次干道，城市绿地可根据实际使用情况进行开口处理。场地西侧为文化产业基地。场地内有一棵百年古树需保留，胸径1米，枝叶直径6米（见附图）。

2．设计内容

2.1　项目占地3735m²，建设规模约为2000m²，层数2或3层。

2.2　考虑外来停车问题。

2.3　考虑无障碍设计。

2.4　各功能房间具体要求如下：

序号	设计内容		使用面积（m²）
1	画家介绍厅		100
2	展厅	国画展厅	600
		书法展厅	300
		藏品展厅	300
3	收藏保管	收藏间	50
		修复、裱画、照相、复制	80
4	创作办公	画室若干	80
		会议室	40
		接待室	40
		管理办公	20
5	其他（前厅、休息、小卖部、卫生间等）		150

注：室外可设置展廊或展场，面积不计。

二、制图要求

1. 表达

1.1 图面清晰、比例准确。

1.2 表现方式不限，徒手、尺规制图均可。

2. 图纸要求

2.1 图纸规格：A2

2.2 图纸内容：

总平面图   1：500

平面图   1：200

立面图（1~2个）   1：200

剖面图（1个）   1：200

透视图（表现方法不限）

设计构思说明，主要经济技术指标

附图：

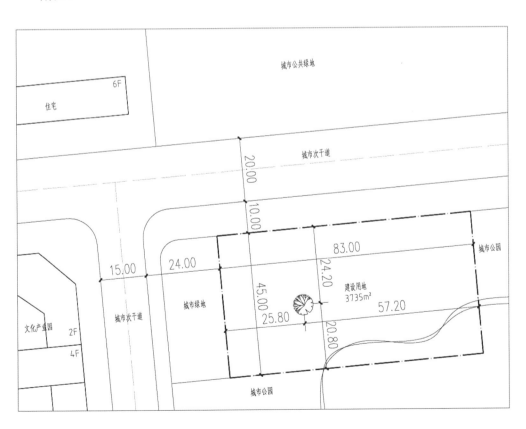

附录 2 景区内精品餐厅建筑设计任务书

一、设计任务书

1. 项目场地条件

1.1 项目拟建于我国南方城郊景区内，餐厅用地1200m^2，为景区内游客提供休憩、集散及餐饮服务。

2.2 景点南侧为风景幽雅天然景区，西侧为主要人流方向，北侧接近城市次干道，用地内场地均较为平坦（见附图）。

2. 设计内容

2.1 项目占地1033m^2，建设规模约为800m^2，层数1或2层。

2.2 餐厅餐饮服务同时，设计考虑景区游客人员集散和休憩的要求。

2.3 景区外提供停车场，方案可不考虑地面停车位。

2.4 各功能房间具体要求如下：

序号	设计内容		使用面积（m^2）
1	餐厅	餐厅	100
2		多功能厅	200
		包间	60
3	公共服务区	零售区	50
		休息区	80
4	辅助房间	库房	80
		厨房	100
5	其他（前厅、卫生间等）		100

注：面积可上下浮动10%。

二、制图要求

1. 表达

1.1 图面清晰、比例准确。

1.2 表现方式不限，徒手、尺规制图均可。

2. 图纸要求

2.1 图纸规格：A2

2.2 图纸内容：

总平面图　　　　　1∶500

平面图　　　　　　1∶200

立面图（1~2个）　1∶200

剖面图（1个）　　1∶200

透视图（表现方法不限）

设计构思说明，主要经济技术指标

附图：

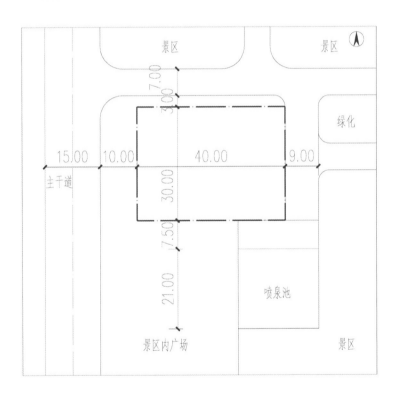

参考文献

［1］彭一刚. 建筑绘画及表现图. 北京：中国建筑工业出版社，1990.

［2］赵杰著. 建筑设计手绘效果图表现. 武汉：华中科技大学出版社，2013.

［3］徐东耀著. 情趣·境界. 北京：中国建筑工业出版社，2002.

［4］刘素平，李征主编. 平面构成. 武汉：华中科技大学出版社，2015.

［5］赵国志编著. 色彩构成. 沈阳：辽宁美术出版社，1989.